普通高等学校电子信息类一流本科专业建设系列教材

电路分析基础

李 擎 陈 静 王新平 主编

科学出版社

北 京

内 容 简 介

本书介绍电路的基本概念和分析方法。全书共 9 章，分别为：电路分析的基础知识、直流稳态电路的一般分析、电路的等效变换、电路定理、直流一阶电路的时域分析、正弦稳态电路的分析、频率响应、耦合电感电路和非正弦周期电流电路。另有两个附录：应用运算法分析线性动态电路以及部分习题参考答案。

本书可作为普通高等院校电气类、电子信息类、自动化类、计算机类等专业相关课程的教材，也可供相关工程技术人员参考使用。

图书在版编目（CIP）数据

电路分析基础/李擎，陈静，王新平主编. —北京：科学出版社，2023.12
普通高等学校电子信息类一流本科专业建设系列教材
ISBN 978-7-03-077648-8

Ⅰ. ①电…　Ⅱ. ①李…　②陈…　③王…　Ⅲ. ①电路分析-高等学校-教材　Ⅳ. ①TM133

中国国家版本馆 CIP 数据核字（2023）第 252668 号

责任编辑：潘斯斯　陈　琪/ 责任校对：王　瑞
责任印制：师艳茹 / 封面设计：马晓敏

科 学 出 版 社 出版
北京东黄城根北街 16 号
邮政编码：100717
http://www.sciencep.com
固安县铭成印刷有限公司印刷
科学出版社发行　各地新华书店经销
＊
2023 年 12 月第 一 版　开本：787×1092　1/16
2023 年 12 月第一次印刷　印张：12
字数：285 000
定价：49.00 元
（如有印装质量问题，我社负责调换）

前　言

电路分析基础以电路模型为对象，主要介绍电路的基本概念、基本定律、基本定理和基本分析方法，是信息类专业的基础课程，也是模拟电子技术和信号与系统等课程的先修内容。

本书共 9 章。前 5 章为直流电路的分析：第 1 章介绍电路分析的基础知识，包括电路模型、电压和电流的方向、基本元件及其电压电流关系以及基尔霍夫定律等内容；第 2 章为直流稳态电路的一般分析方法，重点介绍常用的网孔电流法和节点电压法；第 3 章介绍处理简单电路的等效变换方法，包括电阻的等效变换、电源的等效变换等内容；第 4 章为电路分析中常用的电路定理，包括叠加定理、戴维南定理，并讨论最大功率传输问题；第 5 章介绍直流一阶电路的时域分析方法，以 *RC* 和 *RL* 电路为例，重点讲解应用三要素法求解电路动态响应的过程。第 6~8 章为正弦交流电路的分析：第 6 章主要介绍分析正弦交流电路的相量法、阻抗和导纳的定义，以及功率因数提高的方法等内容；第 7 章主要介绍频率响应的概念、求法以及电路串并联谐振的定义、条件及特点；第 8 章为耦合电感电路，主要介绍互感电路的分析方法。第 9 章主要介绍非正弦周期电流电路的分析方法。另有 2 个附录，附录 A 主要介绍高阶线性动态电路的分析方法——运算法的基础数学工具，附录 B 给出部分习题的参考答案。

本书深入浅出地讲解电路的基本定律、基本定理和基本分析方法。第 1 章将电容、电感和电阻一起介绍，并通过相应思考题和习题的练习，读者尽早接触并熟悉这两种动态元件，为一阶电路和交流电路的学习打好基础。各章均以"本章提要"开篇，用于介绍该章主要讲述的内容；易错易混淆的内容标注了"注意"以引起读者的重视；对于需进一步解释的内容则以"说明"的形式加以阐述；"本章小结"归纳每章的主要内容；思考题帮助读者巩固基础概念；习题则涵盖了每章的重要知识点并在书后附有大部分题目的参考答案，方便读者完成自查。本书主要知识点均应用 Multisim 软件进行了电路仿真举例的验证，有利于读者获得更加感性的认识，加深他们对所学内容的理解和掌握。

本书由李擎、陈静、王新平主编，李擎确定了本书的总体编写内容，并参与了第 1~4 章的编写工作；陈静负责全书的统稿，并参与了第 1~7 章的编写工作；王新平负责教材编写和出版全程的组织协调，并参与了第 4~9 章和附录的编写工作；张森和董冀媛参与了部分内容的编写。北京科技大学自动化学院电工电子技术系全体教师参与了大纲的讨论。

本书出版得到北京科技大学"十四五"教材建设经费的资助以及学校教务处教研科的全程支持，在此一并表示感谢。

由于编者能力和水平有限，书中难免存在疏漏之处，恳请各位读者批评指正，意见请发送电子邮件至 chenjing@ustb.edu.cn。

编　者

2023 年 9 月于北京科技大学

目　录

第 1 章 电路分析的基础知识

本章提要

电路的基本概念和基本定律是电路分析的入门知识。本章将首先介绍电路模型和元件的基本连接关系。由于多电源和复杂电路,分析电路前需假设电压和电流的参考方向。电位和功率也是电路分析中讨论的物理量。电路元件包括无源元件、独立电源和受控电源,它们是构成电路的基本单元,其电压和电流满足一定的关系。基尔霍夫定律描述了电压和电流在电路中的约束关系。

1.1 电路模型和电路分析

1.1.1 电路模型

电路是电流的通路,其中电能很容易转换为其他形式的能量,电信号便于测量和控制,因此电路在生产和生活方面得到了广泛应用。从简单的手电筒到复杂的计算机,都是为了实现某种功能的用电设备,它们均为实际的电路。

电路通常由三部分组成:电源或信号源提供电能或者所需的信号;负载把电能转换为其他形式的能量;连接电源和负载的部分为中间环节。

在对实际电路进行分析时,需要先通过数学和物理的描述,根据电路的特性对具体电路进行抽象和建模,把实际元件用相应的模型来表示,然后应用电路定律或定理,讨论电路中产生的电压或电流。经建模后的电路称为电路模型,电路模型中的元件称为理想元件。电路分析不讨论电路建模的问题,讨论的电路通常都是电路模型,不是实际电路,讨论的元件也均为理想元件。

表示电路模型的图称为电路图。构成电路图的基本理想元件共有七个,都属于二端元件,其中有三个无源元件——电阻、电感和电容;两个独立电源——电压源和电流源;还有两个受控电源——受控电压源和受控电流源。七个理想元件的图形符号如图 1-1 所示。

电路图中的元件通过导线和开关进行连接。导线为理想导线,即电阻为 0;电路的变化通过开关来实现,电路分析中的开关也是理想开关,即闭合、打开和换接动作的完成时间为 0,开关接通时两端的电阻为 0。

实际电路元件的模型不一定是唯一的,一个实际元件的模型可能是几个理想元件的组合。例如,电池的模型为一个电压源和电阻的串联。线圈的主要特性为电感性,它的模型可以是电感;如果考虑到线圈的内阻,那么其模型为电感和电阻的串联组合;线圈在高频电路中,还要考虑所引起的电容效应。

手电筒由电池、灯泡、筒体和开关构成。手电筒的电路模型如图 1-2 所示。

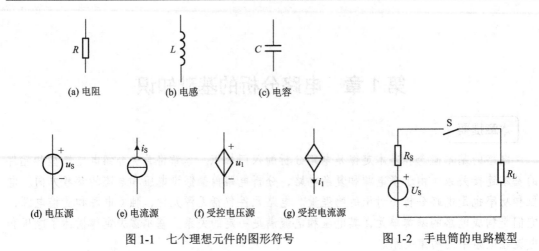

(a) 电阻   (b) 电感   (c) 电容

(d) 电压源   (e) 电流源   (f) 受控电压源   (g) 受控电流源

图 1-1   七个理想元件的图形符号   图 1-2   手电筒的电路模型

图 1-2 中电压源 U_S 和电阻 R_S 的串联组合即为电池的模型，下标 S 表示电源(Source)；S 为开关(Switch)的模型；电阻 R_L 为灯泡的模型，下标 L 表示负载(Load)。

1.1.2 电路结构

一个电路具有一定的结构，讨论结构时无须关注具体的电路元件，把电路图看作由点和线组成的几何图形，就是对电路结构最直观的描述。通常支路、节点和回路是描述电路结构的基本术语。

电路的每一个分支称为一条支路，即各条支路流过不同的电流；有时也把一个元件定义为一条支路。本书中采用第一种定义。图 1-3 所示电路由六个元件组成，每个元件用一个方框表示。该电路共有三条支路，元件 1 和 2 串联作为一条支路，元件 4、5 和 6 串联也作为一条支路，元件 3 单独构成一条支路。

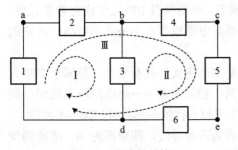

图 1-3   电路的结构

节点是三条或三条以上支路的连接点。节点通常也写为"结点"。图 1-3 电路中的 b 点和 d 点为节点，而 a 点、c 点和 e 点只是电路中的三个点。

说明： 节点可以用实心点来表示，也可以不画实心点。电路图中一条线段的两个端点或者连接到其他导线上形成节点，或者连接到某个元件的一端。线段可以跨越其他线段，如果交叉处没有实心点，说明只是跨越，并没有连接，没有形成节点。

由支路构成的闭合路径称为回路。图 1-3 所示电路中有三个回路，用虚线箭头表示，分别是回路Ⅰ(元件 1、2、3 构成)、回路Ⅱ(元件 3、4、5、6 构成)和回路Ⅲ(元件 1、2、4、5、6 构成)。

网孔也是回路，其内部不含支路。各条支路不产生交叉的电路称为平面电路，本书主要讨论平面电路。网孔是对平面电路而言的，在图 1-3 所示电路的三个回路中，回路Ⅰ和回路Ⅱ符合网孔定义，显然回路Ⅲ不符合网孔定义，因为其内部含有支路(元件 3)。

　　一端口又称为二端网络，是向外引出两个端子的电路或网络，从一个端子流入的电流等于从另一个端子流出的电流。一端口可以用一个方框表示，如图 1-4 所示。一端口通常用字母 N 表示，分为有源一端口 N_S 和无源一端口 N_0 两种类型。符号 N_S 中的下标 S 代表电源，表示一端口中含有独立电源。符号 N_0 中的下标为数字 0，表示一端口中没有独立电源。一个二端元件可以构成一个一端口，一个一端口也可以包含多个元件。

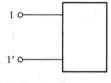

图 1-4　一端口

　　说明：电路的结构术语对应的英文为 branch（支路）、node（节点）、loop（回路）、mesh（网孔），在讨论电路的结构时，分别用 b、n、l、m 表示支路数、节点数、回路数和网孔数。

1.1.3　电路分析

　　电源或信号源的电压或电流称为激励，在激励的作用下，电路中其他部分产生的电压和电流称为响应。在电路模型中，电路的结构为已知，即元件的连接关系是确定的，每个元件的参数也为已知。电路分析就是在已知电路结构和元件参数的条件下，讨论激励和响应的关系。

　　电路搭建之后，电路的结构和参数就是确定的，这里的参数是指无源元件的参数，即电阻的阻值、电感的电感量和电容的电容量。激励可能会发生变化，响应也会随之发生变化。例如，对于电阻和电感串联电路，如果激励由直流变成了交流，响应的形式也将发生变化。电网的电压会产生波动，随之也会带来电路中响应的变化。

　　注意：电压源的电压是激励，它的电流随外电路不同而不同，所以电压源的电流为响应。

1.2　元件的连接

1.2.1　串联和并联

　　二端元件首尾相连的连接关系为串联（Series）。如果元件首尾相连，那么在电路中，这些元件将流过同一个电流，如图 1-5 所示，它们之间的连接关系为串联。导线把这些元件连接起来，而串起这些元件的是电流。

图 1-5　串联元件流过同一电流

　　串联在日常生活中经常使用，例如，手电筒或者遥控器需要多节电池供电，电池之间的连接就是串联。串联可以是电池之间的串联，也可以是电阻之间的串联，当然也可以是不同类型元件的串联。使用电流表测量电流，电流表和被测电路之间的关系也是串联。开关串联在电源和负载之间。

　　多个二端元件，一端连在一个公共端，另一端连在另一个公共端，它们之间的连接关系为并联（Parallel）。如果二端元件连接在两个相同的公共端，那么这些元件两端将是同一

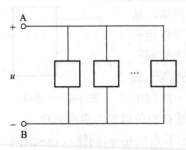

图1-6 并联元件两端为同一电压

个电压，如图 1-6 所示，多个元件连接到 AB 两点，它们两端的电压都是同一个电压 u，它们之间的连接关系为并联。

元件可以根据需要连接成并联的形式，当然支路之间也能并联，元件和支路也可以并联。例如，家中的各种电器，它们之间的连接关系就是并联。这样连接的优点是一个电器通电工作或断电，不会影响其他电器的工作。

1.2.2 开路和短路

开路和短路是电路连接中的两种特殊状态。

开路(Open Circuit)即电路断开，很明显断开处的电流为 0，如图 1-7 所示。例如，超市货架上的电池处于开路状态，教室空闲的插座也处于开路状态。

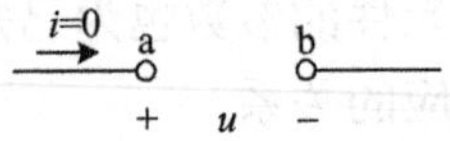

电流为 0 是开路的特点，但处于开路的两点间电压通常不等于 0，其大小由电路的其他部分决定，u_{OC} 表示开路电压。

图1-7 a、b两点开路

向外引出的端子，如果标注了电流值，那么端子不是开路的状态。通常不标注电流的端子处于开路的状态。图 1-8 的电路中，直观上看，a 点和 b 点都处于开路的状态，但 a 点由于有电流流入，故不是开路；b 点是从两个串联电阻中间引出的一个端子，其处于开路的状态。

短路(Short Circuit)即电路中的两点用导线连接，很明显两点间的电压为 0，如图 1-9 所示。

电压为 0 是短路的特点，但处于短路的两点间电流通常不等于 0，其大小由电路的其他部分决定，i_{SC} 表示短路电流。

对于电源来讲，短路是一种事故，应极力避免。如果发生短路，短路电流非常大，会烧毁电源，造成停电，影响正常的工作和生活，甚至引起爆炸等严重事故。实现电路的短路保护需在电源处接熔断器，如图 1-10 所示。如果发生短路，熔断器就会迅速断开，切断电源，避免短路造成的不利后果。熔断器的符号和电阻的符号类似，要注意区别，画电路图时不要混淆。为了确保安全，熔断器接在开关的后面。

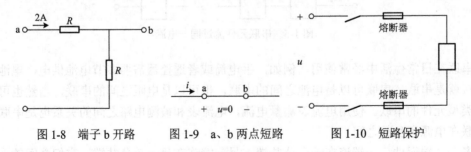

图1-8 端子b开路　　图1-9 a、b两点短路　　图1-10 短路保护

注意：直观的开路和短路容易判断，但有的支路看上去没有断开，如果流过的电流为 0，也相当于开路；有的两点看上去是断开的，但如果两点间的电压为 0，这两点也相当于短路。

由集成运算放大器（简称集成运放）构成的负反馈电路中，如图 1-11 所示，集成运放的输入电压 u_i' 非常小，趋近于 0，可认为输入端为短路状态，称为

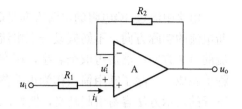

图 1-11　运算电路中的虚短和虚断

"虚短"；输入电流 i_i 非常小，趋近于 0，可认为输入端为开路状态，称为"虚断"。

1.3　电压和电流的方向

电压和电流的定义在物理学中已有叙述，这里只讨论电压和电流的方向。

1.3.1　电压和电流的实际方向

物理学中规定，电压的方向为高电位指向低电位的方向。高电位用正极符号"+"表示，低电位用负极符号"–"表示。电压用字母 u（或 U）表示，通常小写字母表示变化的电压，大写字母表示恒定的电压，电压的单位是 V（伏特，简称伏）。

注意：电压的方向为高电位到低电位的方向，电压和电动势不是一个概念。在电路分析中只讨论电压。

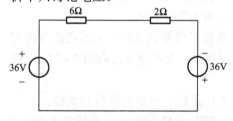

图 1-12　电压源和电阻串联的简单电路

物理学中规定，正电荷运动的方向为电流的实际方向。电流的方向通常用箭头表示。电流用字母 i（或 I）表示，通常小写字母表示变化的电流，大写字母表示恒定的电流，电流的单位是 A（安培，简称安）。

对于由电压源和电阻串联的简单电路，其电压和电流的实际方向容易判断，在图 1-12 所示电路中，电流的实际方向为顺时针，其大小为 $(36 + 36) / (6 + 2) = 9(A)$。

说明：如果电流的方向判断和计算有困难，请参考 1.9 节介绍的方法。

当电路复杂一些时，电压和电流的实际方向往往不易判断。在交流电路中，电压和电流的方向随时间变化而改变，方向更难判断。

1.3.2　电压和电流的参考方向

图 1-13 所示电路是电路分析中的一个基本电路。在这个电路中，流过每个电阻的电流方向不易判断，更不用说要确定电流的大小。电流方向不易判断的原因并不是增加了一个电阻，而是两个电源不能合并成一个电源。虽然图 1-12 所示电路中也是两个电源，但是两个电源可以合并（等效）成一个电源。

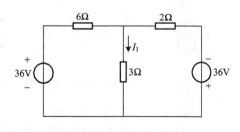

图 1-13　电流的参考方向

电路中流过3Ω电阻的电流方向是确定的：这个方向或者向上，或者向下，既然难以判断电流的实际方向，不妨假设一下电流的方向，即画一个箭头，这个箭头的方向就称为电流的参考方向；然后再取个名字，标在箭头旁。这样，一个完整的假设电流参考方向的过程就完成了。除了常用箭头作为电流参考方向的表示方法之外，偶尔也用双下标，但是双下标的表示方法容易引起歧义，例如，i_{ab}表示从 a 点流向 b 点的电流，但当 ab 两点间有多条支路时，双下标的表示方法就不适用了。

对于 3Ω 电阻，可假设电流方向向下，这个电流命名为 I_1。因为这个电路中有三个不同的电流，所以需要使用不同的下标来命名，下标可以用数字(从 1 开始)，也可以用字母(从 a 开始)，按顺序依次命名。

假设的电流方向未必是实际的电流方向。应用电路的相关分析方法，可以计算出电流 I_1，如果计算结果为正，说明假设的电流参考方向和实际方向相同；如果计算结果为负，说明假设的参考方向和实际方向相反。这样，电流就变成了一个代数量。电路中电流参考方向的选取是任意的，根据电流值的正和负，就可以确定电流的实际方向。

假设电压的参考方向时，假设的高电位一端标记为"+"极，低电位的一端标记为"–"极，然后命名。由于电压和路径无关，因此也可以使用双下标来假设电压的参考方向，高电位在前，低电位在后。例如，a、b 两点间电压 u_{ab}，表明 a 点为假设的高电位，表示"+"极，b 点为假设的低电位，表示"–"极。电压的参考方向偶尔也使用箭头表示。

假设了参考方向后，电压就变成了一个代数量。若所求得的 $u_{ab}>0$，则说明 a、b 两点间电压的实际方向为由 a 指向 b；若 $u_{ab}<0$，则说明 a、b 两点间电压的实际方向为由 b 指向 a；若 $u_{ab}=0$，则说明 a、b 两点的实际电位相等，即 a、b 为等电位点。

说明：在交流电路中，电压和电流的参考方向为其正半周期的方向。表示电流参考方向的箭头可以画在所讨论支路的导线上，也可以画在导线外；表示电压方向的"+""–"极符号标记在所讨论支路或元件的两端。

注意：假设电流或电压的参考方向是电路分析的入门基础，一定要理解和重视。

元件或支路的电压参考方向与电流参考方向可以任意选定，元件上的电压、电流参考方向设定的不同，会影响到计算结果的正负。当同一元件或支路的电压与电流的参考方向假设为一致时，称为关联参考方向，如图 1-14(a)所示。如果把 AB 两点看作电路的输入端，那么可以把图 1-14(a)的电路画成图 1-14(b)的形式，对于一端口 N，电压和电流的参考方向一致。对于同一个元件或支路，当其电压和电流的参考方向不一致时，称为非关联参考方向，如图 1-15 所示。

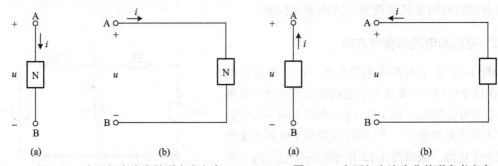

(a)   (b)   (a)   (b)

图 1-14 电压与电流为关联参考方向   图 1-15 电压与电流为非关联参考方向

　　注意：判断参考方向是否关联，一定要固定讨论的对象，保证讨论的是同一个对象的电压和电流，否则会导致错误结论。

　　虽然电压和电流的参考方向可以任意选取，但通常还是应遵循一定的规则。如果未给出参考方向，对于无源元件和无源一端口，应按照关联选取；对于独立电源和有源一端口，应按照非关联选取。这样选取可以避免一些不必要的错误。

1.4　电　位

　　讨论电压的时候，提到了电位这个概念。电路中任意一点 x 和参考点之间的电压定义为电位，电位为单下标，记作 V_x，有时也用 U_x 表示。参考点的电位为 0V，比参考点电位高的点，电位为正；反之为负。

　　参考点可以任选，用接地的符号 "⊥" 表示参考点，仿真软件中也用 "≑" 表示接地符号。使用接地符号不是把参考点和地相连接，只是用来表示这一点为参考点，它的电位为 0V。

　　【例 1-1】　求如图 1-16 所示的两个电路中 A、B、C 点的电位 V_A、V_B、V_C，以及电压 U_{BC}。

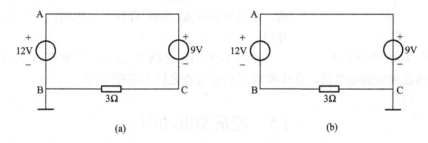

图 1-16　例 1-1 图

　　解　图 1-16(a) 中以 B 为参考点，则 $V_B = 0V$。A 点的电位比 B 点高 12V，$V_A = 12V$；C 点的电位比 A 点低 9V，$V_C = V_A - 9V = 3V$，$U_{BC} = V_B - V_C = -3V$。

　　图 1-16(b) 中以 C 为参考点，则 $V_C = 0V$。A 点的电位比 C 点高 9V，$V_A = 9V$；B 点的电位比 A 点低 12V，$V_B = V_A - 12V = -3V$，$U_{BC} = V_B - V_C = -3V$。

　　从上面的例子可以看出，电位是相对量，和参考点有关；而电压是绝对量，和参考点无关。

　　图 1-17 所示电路中，A、B 为与外电路连接的端子，四个电阻的阻值相等，电路对称。通电后，x、y 两点电位相等，两点间的电压等于 0，即 $U_{xy} = 0$，x、y 两点相当于短路。对于这个结构，四个电阻除了相等，满足其他条件，也可以使 x、y 成为等电位点。

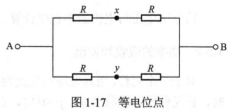

图 1-17　等电位点

　　图 1-18(a) 所示电路中，设两个电源的公共端为 C 点。以 C 点为参考点，可不画出两

个电压源，而用电位来表示两个电压源，可以把图 1-18(a) 的电路简化为如图 1-18(b) 所示的电路。A 点电位比参考点高 12V，端子 A 标记为 "+12V"，B 点电位比参考点低 12V，端子 B 标记为 "-12V"。

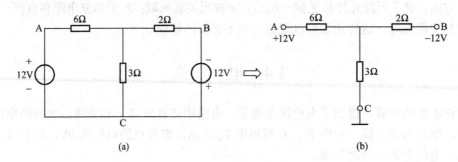

图 1-18　使用电位简化电路

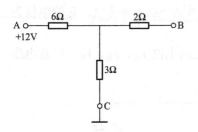

图 1-19　假开路和真开路

简化的电路看上去更简洁，当电路的电压源共地时，可以采用这样的画法。

从视觉上看，图 1-18(b) 所示电路中，A 点和 B 点处于开路的状态，但实际上，A 点与参考点之间存在一个电源，B 点与参考点之间也存在一个电源，A 点和 B 点为假开路。

而图 1-19 所示电路中，A 点为假开路，B 点是真开路。B 点没有给出确定的电位值，意味着 B 点和参考点之间不存在电源。

1.5　能量和电功率

1.5.1　能量和功率

能量用 W 表示，能量的单位为 J（焦耳，简称焦）。单位时间内元件或支路所吸收的电能，称作元件或支路吸收的功率，功率用 p 表示。功率和能量的关系为

$$p = \frac{dW}{dt} \tag{1.1}$$

功率与电压和电流的关系为

$$p = ui \tag{1.2}$$

功率用电压与电流的乘积来计算。功率的单位为 W（瓦特，简称瓦）。

1.5.2　功率的吸收和发出

对于一个元件，当其电压与电流为关联参考方向时，$p=ui$ 表示元件吸收的功率。当 $p>0$ 时，该元件实际吸收功率；$p<0$ 时，该元件实际发出功率。

当电压与电流为非关联参考方向时，$p=ui$ 表示元件发出的功率。当 $p>0$ 时，该元件实际发出功率；$p<0$ 时，该元件实际吸收功率。

该结论也可推广到一条支路或一个二端网络。

功率的吸收和发出也可以从电压和电流的实际方向来
判断，若元件电压电流实际方向相同，则其吸收功率；反之，
若电压和电流的实际方向相反，则发出功率。图 1-20 所示电
路中，电流为顺时针方向，对于 12V 电压源，电压和电流的
实际方向相反，12V 电源发出功率；对于 3V 电压源，电压
和电流的实际方向相同，3V 电源吸收功率。这种情况经常发
生，常常被忽视，笔记本电脑或者手机充电时，移动设备的
电池确实在吸收功率。作为独立电源，是否起到电源的作用，即在电路中是否发出电能，
要通过其电压和电流的方向来判断。

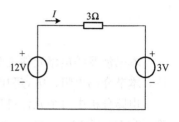

图 1-20　电源发出和吸收功率

验证功率
平衡

1.5.3　功率平衡

对于一个电路来说，电路中所有吸收功率的元件所吸收的功率总和，一定等于电路
中所有发出功率的元件所发出的功率总和，称为功率平衡。下面验证图 1-20 电路的功
率平衡。

电路中的电流：

$$I = \frac{12-3}{3} = 3(\text{A})$$

（1）12V 电压源发出功率为 $12 \times 3 = 36$（W）；

（2）3V 电压源吸收功率为 $3 \times 3 = 9$（W）；

（3）3Ω电阻吸收功率为 $3^2 \times 3 = 27$（W）。

整个电路中发出的功率为 36W，吸收的功率为 $9+27 = 36$（W），功率平衡。

电路中的功率是平衡的，如果验证的结果是不平衡，那么一定是计算有误。

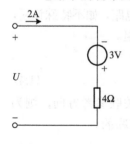

图 1-21　例 1-2 图

对于验证功率平衡的部分电路来说，通常会有两个向外引出的端
子，可把这部分电路看作一个一端口。由于电路不完整，当验证功率
平衡时，应先计算该一端口的端口电压和端口电流，从而得到功率，
并判断吸收还是发出功率；然后再分别计算电路中各个元件的功率，
一端口的功率等于内部所有元件的功率代数和，并且总体上吸收或发
出功率的情况也一致。

【例 1-2】　验证图 1-21 电路的功率平衡。

解　支路电压：

$$U = -3 + 2 \times 4 = 5(\text{V})$$

支路电压和支路电流的实际方向一致，整个支路吸收功率，吸收的功率为 $U \times 2 = 5 \times 2 =$
10（W）。

电压源的电压和电流实际方向相反，该电压源发出功率，发出的功率为 $3 \times 2 = 6$（W）。

电阻吸收的功率为 $2^2 \times 4 = 16$（W）。

电路中两个元件的功率代数和为吸收 10W。支路的功率与元件的功率代数和相等，即
功率平衡。

1.6 线性无源元件

本书涉及的电路元件主要是二端元件，二端元件可以分为无源二端元件和电源二端元件。本节介绍电阻、电容和电感三个无源元件。

电路分析中每个元件自身的电压和电流满足一定的关系，元件或支路的电压电流关系简写为 VCR（Voltage Current Relation）。电路由元件组成，基本元件的 VCR 是电路分析中最基础的知识。

1.6.1 电阻元件

电阻元件是电路分析中最常见的元件，若其两端的电压和电流比值为常数，则这样的电阻称为线性电阻，这个常数用 R 表示，数值为电阻的阻值，线性电阻满足欧姆定律。R 既可以表示电阻元件，也可以表示电阻的阻值。

线性电阻的电路符号如图 1-22(a)所示，电阻两端的电压与电流的实际方向总是一致的，在电压、电流为关联参考方向条件下，欧姆定律描述为

$$R = \frac{u}{i} \tag{1.3}$$

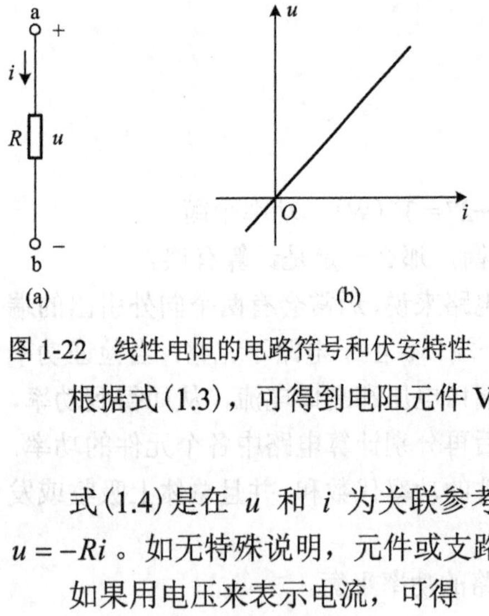

阻值 R 是电阻元件自身的一个参数，与两端电压及流过的电流无关。电阻的单位为 Ω（欧姆，简称欧），阻值大的电阻用 kΩ（千欧，10^3Ω）或 MΩ（兆欧，10^6Ω）表示。

线性电阻的伏安特性是伏安平面上通过坐标原点的一条直线，如图 1-22(b)所示。

说明：本书主要讨论线性电路，如不特殊说明，文中提到的电阻都是指线性电阻。

(a)   (b)

图 1-22　线性电阻的电路符号和伏安特性

根据式(1.3)，可得到电阻元件 VCR 表达式为

$$u = Ri \tag{1.4}$$

式(1.4)是在 u 和 i 为关联参考方向的条件下得到的，若为非关联参考方向，则为 $u = -Ri$。如无特殊说明，元件或支路电压和电流的参考方向默认是关联的。

如果用电压来表示电流，可得

$$i = \frac{u}{R} \tag{1.5}$$

定义电阻的倒数为电导：

$$G = \frac{1}{R} \tag{1.6}$$

电导的单位为 S（西门子，简称西）。

定义电导后，式(1.5)变为

$$i = Gu \tag{1.7}$$

电阻是消耗能量的元件，电阻的功率为

$$p = ui = i^2 R = \frac{u^2}{R} \tag{1.8}$$

计算电阻的功率时，推荐使用 $p = i^2 R$ 表达式。选择电阻，除了阻值之外，还要看功率参数，额定功率过小的电阻工作时可能会因发热而烧坏。

1.6.2　电容元件

电容器是一种能储存电荷的器件，它具有储存电场能量的特性。电容元件是实际电容器的理想电路模型。

对于一个电容元件，其电路符号如图 1-23(a) 所示。若其特性曲线为 q-u 平面上经过坐标原点的直线，如图 1-23(b) 所示，则称该电容元件为线性电容，即

$$C = \frac{q}{u} \tag{1.9}$$

式中，C 为电容量，简称电容，习惯上也把电容元件称为电容。电容的单位为 F(法拉，简称法)，容量小的电容常用 μF(微法，10^{-6}F) 或 pF(皮法，10^{-12}F) 表示。

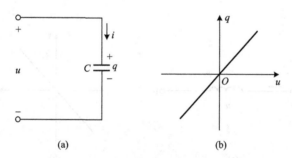

(a)　　　　　　　　　　　　(b)

图 1-23　线性电容的电路符号和库伏特性

电容是根据 q-u 关系定义的，在电路分析中需找到其电压和电流的关系。

由 $i = \dfrac{\mathrm{d}q}{\mathrm{d}t}$，根据式(1.9)，可得

$$i = \frac{\mathrm{d}q}{\mathrm{d}t} = \frac{\mathrm{d}Cu}{\mathrm{d}t} = C\frac{\mathrm{d}u}{\mathrm{d}t}$$

即电容元件的 VCR 表达式为

$$i = C\frac{\mathrm{d}u}{\mathrm{d}t} \tag{1.10}$$

电容的 VCR 表达式是一个微分关系，可以看出电容的电流反映出了电压变化率，因此电容也称为动态元件。若电容两端的电压大小和方向都不变，即在直流稳态电路中，则其电流为零，电容相当于开路。

电容吸收的能量为

$$W = \int_{-\infty}^{t} ui\mathrm{d}\tau$$

设 $u(-\infty)=0$，则电容储存的能量为

$$W = \frac{1}{2}Cu^2(t) \tag{1.11}$$

电容储存的能量除了与电容量有关，还和两端电压的平方成正比。电压升高，电容储存能量；电压降低，电容释放能量。正弦交流电路中，在电压的一个周期内，电容进行两次储存能量和释放能量。通常能量的储存和释放需要一定的时间，则电容两端的电压不会跳变。

注意：电容具有通交流隔直流的特点，但即使在直流电路中，电容也未必相当于开路，充放电过程中，很明显有电流流过电容，只有在直流稳态电路中，电容才相当于开路。

1.6.3　电感元件

绕在螺线管或铁心上的线圈可以看作电感器。电感元件是实际电感器的理想化模型。电感是储能元件，储存的能量为磁场能。

电感元件的符号如图 1-24(a)所示，电感元件的特性用它的磁通链 Ψ 和通过它的电流 i 来描述，若其特性曲线是 $\Psi\text{-}i$ 平面上通过坐标原点的一条直线，如图 1-24(b)所示，则称为线性电感元件。

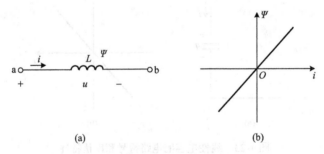

(a)　　　　　　　　　　　　　　(b)

图 1-24　线性电感的电路符号和韦安特性

从图 1-24(b)中可以看出磁通链和电流的比值为常数，这个比值为

$$L = \frac{\Psi}{i} \tag{1.12}$$

式中，L 称为电感量，简称电感，习惯上也把电感元件称为电感。电感的单位为 H(亨利，简称亨)，电感量小的电感常用 mH(毫亨，10^{-3}H)或 μH(微亨，10^{-6}H)表示。

根据

$$u = \frac{\mathrm{d}\Psi}{\mathrm{d}t} \tag{1.13}$$

把式(1.12)代入式(1.13)，可得电感元件的 VCR 表达式为

$$u = L\frac{\mathrm{d}i}{\mathrm{d}t} \tag{1.14}$$

电感的 VCR 表达式是一个微分关系，可以看出电感的电压反映出了电流变化率，因此电感也称为动态元件。若流过电感的电流大小和方向都不变，即在直流稳态电路中，则其

电压为零，电感相当于短路。

　　电感吸收的能量为

$$W_L = \int_{-\infty}^{t} ui\mathrm{d}\tau$$

设 $i(-\infty) = 0$，则电感储能为

$$W_L = \frac{1}{2} Li^2(t) \tag{1.15}$$

电感储存的磁场能量与电感量 L 成正比，也与电流 i 有关。

　　由于电感器的制作比较麻烦，不容易小型化，也不容易集成，硬件设计中尽可能减少电感器的使用。

　　说明：实际电路中电容和电感的值都比较小，为了计算方便，例题和习题中电容和电感的取值较大，不具有普遍性。

1.7　独立电源

　　提供电能的设备和产生电压或电流信号的设备称为电源。理想电源是实际电源理想化的电路模型，包括理想电压源和理想电流源两种类型。理想电源用带下标 S 的 u 或 i 来表示。

1.7.1　理想电压源

　　理想电压源简称电压源，它的图形符号有两种，一长一短两条平行线的符号只表示直流电压源，如图 1-25(a) 所示；电路分析中电压源的符号如图 1-25(b) 所示，它既可以表示直流电压源，也可以表示其他形式的电压源，如正弦交流电压源、方波电压源、三角波电压源等。

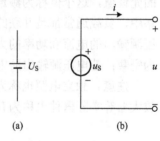

图 1-25　理想电压源

　　理想电压源的电压 u_S 为其自身的一个参数，和外电路无关，是一个固定的参数。这个参数可以是一个常数，则该电源为直流电压源，也称为恒压源；如果这个参数是一个正弦函数，那么该电源为正弦交流电压源。流过电压源的电流由外电路决定。

　　电压源的 VCR 表达式为

$$u = u_S$$

若电压源的电压和电流为非关联参考方向，如图 1-25(b) 所示，则电压源发出的功率为

$$p = u_S i$$

当电压源不接外电路时，电流 i 为 0。

　　注意：不作用的电压源，其电压为 0，相当于短路。把电压源置零，相当于用短路来代替，而不是把电压源短路。

1.7.2　理想电流源

理想电流源简称电流源，它的图形符号如图 1-26 所示。

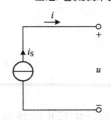

理想电流源的电流 i_S 为其自身的一个参数，和外电路无关，是一个固定的参数。这个参数可以是一个常数，则该电源为直流电流源，也称为恒流源；如果这个参数是一个正弦函数，那么该电源为正弦交流电流源。电流源两端的电压由外电路决定。

电流源的 VCR 表达式为

$$i = i_S$$

图 1-26　理想电流源

若使电流源的电压和电流为非关联参考方向，如图 1-26 所示，则电流源发出的功率为

$$p = ui_S$$

电流源两端短路时，其端电压 $u = 0$，而 $i = i_S$，电流源的电流即为短路电流。

注意：不作用的电流源，其电流为 0，相当于开路。把电流源置零，相当于用开路来代替。

1.7.3　电源的容量

常见的电源有两类：一类是直流（Direct Current，DC）电源，电池是典型的直流电源；另一类是交流（Alternating Current，AC）电源，宿舍和家庭使用的电源是按照正弦规律变化的交流电源。

从材料的耐热性和绝缘性考虑，电源有一个额定容量。对于电压源，电流有一个最大的允许值，这个值称为额定电流。电压源的电压和额定电流的乘积称为额定容量。实际电路中，负载通常都是并联的，负载增加意味着总电流和总功率的增大。负载的大小决定电压源输出的电流和功率的大小。空着的电源插座，输出的电流和功率都为 0，这个时候称为空载；若电压源输出的电流等于额定电流，则称为满载。

注意：独立电源也称为有源元件。模拟电子技术中，有时把晶体管、场效应管、运算放大器等实际器件也称为有源元件，但它们不是电源。

1.8　受控电源

理想电压源的电压大小和方向以及理想电流源的电流大小和方向都是其自身的特性，与外电路无关，因此理想电源也称为独立电源，或简称为独立源。电路中还有一类电源，其电压或电流的大小和方向受电路中其他的电压或电流控制，称为非独立源、受控电源或受控源。受控源包括受控电压源和受控电流源，为与独立源区分，受控源的电路符号把相应独立源符号中的圆形改为菱形，如图 1-27 所示。

控制量可能为电压或电流，被控制量也可能为电压或电流，因此，受控源有四种类型。受控源向外有两对端子，一对为控制量所在的端子，另一对为被控制量所在的端子。四种受控源的模型分别如下。

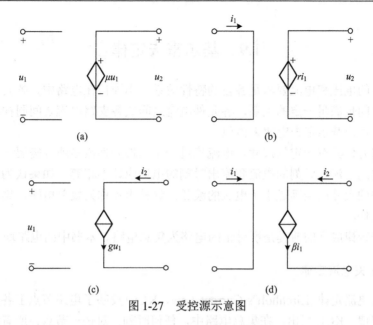

图 1-27　受控源示意图

电压控制电压源(Voltage Controlled Voltage Source, VCVS)，如图 1-27(a)所示，其中 u_1 为控制量，u_2 为被控制量，$u_2 = \mu u_1$，μ 为无量纲的系数。

电流控制电压源(Current Controlled Voltage Source, CCVS)，如图 1-27(b)所示，其中 i_1 为控制量，u_2 为被控制量，$u_2 = r i_1$，r 的量纲为欧姆。

电压控制电流源(Voltage Controlled Current Source, VCCS)，如图 1-27(c)所示，其中 u_1 为控制量，i_2 为被控制量，$i_2 = g u_1$，g 的量纲为西门子。

电流控制电流源(Current Controlled Current Source, CCCS)，如图 1-27(d)所示，其中 i_1 为控制量，i_2 为被控制量，$i_2 = \beta i_1$，β 为无量纲的系数。

模拟电路中的晶体管，如图 1-28(a)所示，在输入信号是小信号的情况下，可以用如图 1-28(b)所示的微变等效电路来等效，而这个微变等效电路中就含有电流控制电流源。

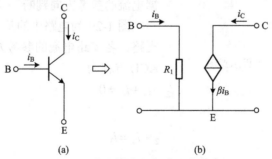

图 1-28　晶体管的微变等效电路模型

受控源中的系数如果为常数，那么这样的受控源为线性受控源。

说明：电路分析中主要讨论线性电路，由线性无源元件和线性受控源组成的电路称为线性电路。

1.9　基尔霍夫定律

电路元件的电压和电流要满足各自的特性关系，当连接在电路中，各元件电压之间或各支路电压之间也满足一定的关系，各元件电流之间或各支路电流之间同样要满足一定的关系，这种关系由基尔霍夫定律来体现。

二端电路元件具有一定的尺寸，电流流过一个二端元件或多或少需要一定的时间，如果电流是变化的，流入时刻的电流和流出时刻的电流应该不相等。如果认为两个时刻的电流相等，元件的尺寸应当远远小于电流的波长。这种电路称为集总电路，集总电路中的元件称为集总元件。

基尔霍夫定律成立的前提是所讨论的电路为集总电路。本书中的电路均为集总电路。

1.9.1　基尔霍夫电流定律

基尔霍夫电流定律（Kirchholf's Current Law，KCL）反映了电路节点上各支路电流之间必须遵循的规律。KCL 指出：在集总电路中，任何时刻，对任一节点，所有流入节点的电流和流出节点的电流的代数和恒等于零。即对于任一节点，有

$$\sum_{k=1}^{d} i_k = 0 \tag{1.16}$$

式中，i_k 为连接某节点的第 k 条支路电流；d 为与该节点相连的支路数。

各电流前面的正负号根据电流是流入节点还是流出节点选取。若流入节点的电流前面取"+"号，则流出节点的电流前面取"−"号；当然若流入的电流取"−"号，则流出的电流取"+"号。不做特殊说明时，本书以流入为"+"。

注意：电流是流出节点还是流入节点，均根据电流的参考方向判断。

图 1-29 为电路中的某一节点 b，连接了三条支路，各支路电流的参考方向已标出。该节点的 KCL 方程为

$$i_2 - i_3 + i_4 = 0$$

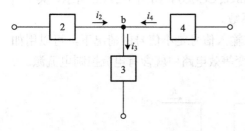

图 1-29　电路的 KCL 方程示意图

整理可得

$$i_2 + i_4 = i_3 \tag{1.17}$$

式(1.17)左边是流入节点的电流，右边是流出节点的电流，可以看出流入节点的电流和流出节点的电流相等。因此，基尔霍夫电流定律也可表述为：任何时刻，流入任一节点的电流等于流出该节点的电流。

基尔霍夫电流定律的依据是电荷守恒，体现了电流的连续性。

下面通过一个电路说明如何列写 KCL 方程，同时也强调如何假设参考方向。

【例 1-3】　列出图 1-30 所示电路中节点 a 和 b 的 KCL 方程。

解　这个电路共有五条支路、三个节点。由于 c、d 两点间只有一条导线，这两点可以合并为同一点，合并后并不影响电路的其他部分，因此 c、d 两点为同一节点，即由导线连接的两个点为同一节点。通常每条支路至少要有一个元件，c、d 两点间只有一条导线，这条导线不算作支路。

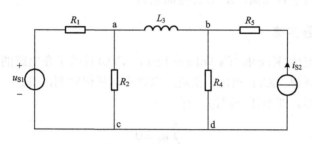

图 1-30　例 1-3 图

列写电路方程时，如果元件或支路的电压或电流在图中未标记方向，需要首先假设参考方向。重画图 1-30，在图中假设五条支路的电流参考方向，参考方向是任意假设的，应使电流的下标和元件的下标一一对应，这样更符合习惯，如图 1-31 所示。有了参考方向，KCL 方程才能列写出来。对于节点 a 和 b 的 KCL 方程分别为

$$i_1 - i_2 - i_3 = 0$$
$$i_3 - i_4 - i_5 = 0$$

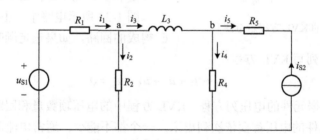

图 1-31　假设电流的参考方向

很明显，本例中 $i_5 = -i_{S2}$。

注意：例题电路中通常会标记出列方程所需电压或电流的参考方向。习题的电路图中，通常缺少或没有电流的参考方向，需要先假设参考方向，然后才能列出 KCL 方程。

如图 1-32 所示的电路是元件三角形接法的电路。

可分别列出节点 A、B 和 C 的 KCL 方程：

$$i_A + i_3 - i_1 = 0$$
$$i_B + i_1 - i_2 = 0 \qquad (1.18)$$
$$-i_C + i_2 - i_3 = 0$$

式 (1.18) 的三个方程相加，可得

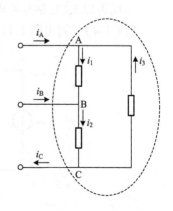

图 1-32　封闭面的 KCL

$$i_A + i_B - i_C = 0$$

或

$$i_A + i_B = i_C \tag{1.19}$$

做一个封闭面，如图 1-32 所示，根据式(1.19)可看出，流入封闭面的电流等于流出封闭面的电流，说明对于封闭面，KCL 也是满足的。

1.9.2 基尔霍夫电压定律

基尔霍夫电压定律(Kirchholf's Voltage Law，KVL)反映了在电路的回路中，各支路电压之间必须遵循的规律。KVL 指出：在集总电路中，任何时刻，沿任一回路，所有支路电压的代数和恒等于零。即沿任一回路，有

$$\sum_{k=1}^{d} u_k = 0 \tag{1.20}$$

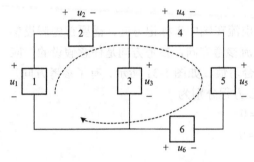

式(1.20)中，u_k 为该回路中第 k 条支路电压；d 为回路包含的支路数。求和时，需要先任意指定一个回路的绕行方向，若支路电压参考方向与回路绕行方向一致，则该电压前面取"+"号；若支路电压参考方向与回路绕行方向相反，则前面取"−"号。

基尔霍夫电压定律是能量守恒的体现。

图 1-33 所示电路中，由元件 1、2、4、5、6 构成的回路，如果选定顺时针方向的绕行方向(虚线箭头)，可列写 KVL 方程：

图 1-33 电路的 KVL 方程示意图

$$-u_1 + u_2 + u_4 + u_5 - u_6 = 0$$

注意：如果根据元件的电压列方程，KVL 方程中的电压项数量和回路中元件的数量一定要相等，每个元件的电压都要依次列出来，一个都不能少。通常电流源两端的电压不为 0，大小由外电路决定，这个电压一定不能忽略。

下面再以 KCL 部分的电路为例，通过三个网孔，说明如何列写 KVL 方程。

【例 1-4】 列出图 1-34 所示电路中网孔的 KVL 方程。

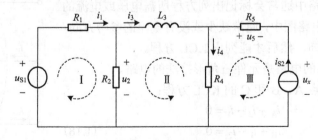

图 1-34 例 1-4 图

解　对于无源元件，或者假设其电压，或者假设其电流，假设其一即可，因为根据 VCR 即可得出另一物理量。各元件的电压或电流参考方向如图 1-34 所示。

三个网孔的绕向可任意选取，用虚线箭头表示。根据电压和电流的参考方向以及网孔的绕行方向，三个网孔的 KVL 方程为

$$R_1 i_1 + u_2 - u_{S1} = 0$$

$$u_2 - R_4 i_4 - L_3 \frac{\mathrm{d} i_3}{\mathrm{d} t} = 0 \tag{1.21}$$

$$-R_4 i_4 + u_5 + u_x = 0$$

从式 (1.21) 中的前两个方程，可分别得到 u_2 的表达式：

$$u_2 = -R_1 i_1 + u_{S1}$$

$$u_2 = L_3 \frac{\mathrm{d} i_3}{\mathrm{d} t} + R_4 i_4$$

说明两点间的电压是一定的，和路径无关。

KVL 也适用于开口电路。如图 1-35 所示的电路，虽然没有形成闭合回路，但 a、b 两点之间的电压为 U，其与 U_1、U_2 两个电压构成了回路，三个电压之和也是等于 0。如果取顺时针的绕行方向，可以得到

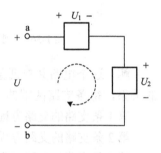

$$U_1 + U_2 - U = 0$$

当然也可以写成

$$U = U_1 + U_2$$

图 1-35　KVL 适用于开口电路

另外，可以根据 KVL，直接列写两点间的电压方程。两点间的电压，如果没有给定参考方向，那么首先要假设一个参考方向。从假设的正极出发，沿一条路径回到负极，电路中的路径是有方向的，路径的方向和电压的方向相同；两点间的电压等于路径上各段电压的代数和。若路径上各段电压的参考方向和路径的方向相同，则这段电压取"+"号，否则为负。若电阻或电感的电压用电流表示，电流的方向即为电压的方向。

假设参考方向列写电路方程

支路电压和支路电流的关系，称为支路方程，也可以称为支路的 VCR。支路电压是支路两端的两个节点之间的电压，根据基尔霍夫电压定律，从正极回到负极，路径上的各段电压的代数和即为支路电压。支路方程中，通常用支路电流表示支路电压，当然也可以用支路电压来表示支路电流。根据基尔霍夫定律和元件的 VCR 可以很容易得到支路方程。通常把电流源和电阻的并联组合看作一条支路。

例如，对图 1-36(a) 所示电路，可列出支路方程：

$$U_k = U_S + R_k I_k$$

或

$$I_k = \frac{U_k - U_S}{R_k}$$

同理，对图 1-36(b) 所示电路，可列出支路方程：

$$U_k = (I_S + I_k)R_k$$

或

$$I_k = \frac{U_k}{R_k} - I_S$$

【例 1-5】　如图 1-37 所示，通过各支路列写 a、b 两点的电压方程。

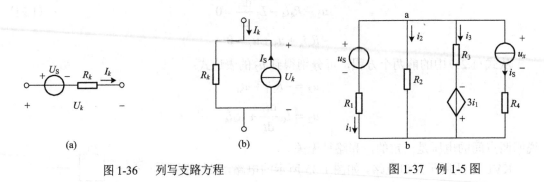

（a）　　　　　　　　　　　　　　　（b）

图 1-36　列写支路方程　　　　　　　　　　图 1-37　例 1-5 图

解　这个电路共有四条支路，每条支路都是连接在 a、b 两点，这四条支路是并联的关系，每条支路两端的电压是同一个电压 u_{ab}，可以写出每条支路的支路方程。

第 1 条支路的支路方程：$u_{ab} = u_S + i_1R_1$；

第 2 条支路的支路方程：$u_{ab} = i_2R_2$；

第 3 条支路的支路方程：$u_{ab} = i_3R_3 - 3i_1$；

第 4 条支路的支路方程：$u_{ab} = u_x + i_SR_4$。

第 3 条支路中包含受控源，如果通过 u_{ab} 计算支路电流 i_3，需要先求出控制量 i_1；第 4 条支路中包含电流源，它两端的电压不能忽略，只有外电路的电压和电流确定下来，才能得到该电流源两端的电压。

连接两点的路径有很多条，根据电压和路径无关，沿任意一条路径列写出的电压表达式都是正确的。有的路径中，各段电压都已知，计算起来就很方便，可以选择这样的路径来计算电压；但有的路径中，可能某段电压不好计算，就不能选择。

注意：各段电压应按照在路径上出现的顺序依次写出；由于电流源的电压未知，计算时不要选择含有电流源的路径。

只有一个回路的电路称为单回路。单回路是最基本的电路，回路中的元件流过同一个电流。对于单回路，通常假设电流的参考方向，列写 KVL 方程时，把电流的参考方向作为回路的绕行方向，而不需再指定回路的绕向，从某一段电压开始，按连接先后顺序列出全部电压的代数和，这个和等于 0。如图 1-38 所示的单回路，其电压方程为

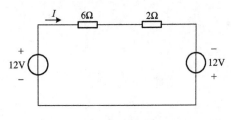

图 1-38　单回路

$$6I + 2I - 12 - 12 = 0$$

也可以选取某个电压源两端的路径，从电压源的"+"极出发，沿电压源外的路径，回

到 "–" 极，路径上各段电压的代数和等于该电压源的电压。以左面的电压源为例，可得

$$12 = 6I + 2I - 12$$

计算出单回路的电流，回路中各段电压或各元件的电压以及相应的功率随之可以得到。

注意： 对于单回路，建议先列出 KVL 方程，然后再导出电流 I 的表达式。尽量不要直接写出 I 的表达式，由于参考方向的应用不熟练，可能导致错误的结果。

KCL、KVL 是电荷守恒和能量守恒在集总电路中的体现，基尔霍夫定律只与电路的结构有关，而与电路元件的性质无关。例如，两个结构相同的电路，对每个节点列出的 KCL 方程是一样的。

【例 1-6】 电路如图 1-39 所示，已知 $i_c = 5i_b$，计算电压 u。

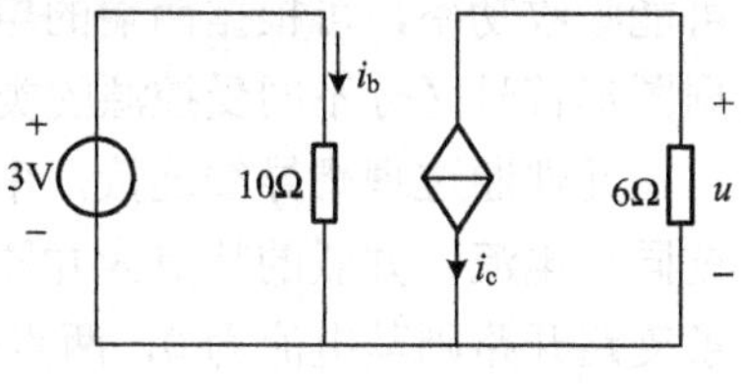

解 电路中的受控源类型为电流控制电流源，首先计算控制量：

$$i_b = \frac{3}{10} = 0.3(A)$$

图 1-39　例 1-6 图

受控量：

$$i_c = 5i_b = 5 \times 0.3 = 1.5(A)$$

电压 u 为 6Ω 电阻两端的电压，其参考方向向下，对于该电阻，受控电流 i_c 流过该电阻时方向向上，因此得到

$$u = -6i_c = -6 \times 1.5 = -9(V)$$

基尔霍夫定律和元件的 VCR 是电路分析最基础的知识。根据电路的结构，可以列出相应的 KCL 和 KVL 方程；已知元件的参数，可以列出元件的 VCR 方程。两组方程组合在一起就可以对任意电路进行电路分析。

【例 1-7】 电路如图 1-40 所示，计算各支路电流。

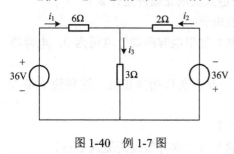

图 1-40　例 1-7 图

解 根据 KCL，有

$$i_1 + i_2 = i_3$$

对两个网孔分别列 KVL 方程，回路绕行方向取顺时针，可得

$$6i_1 + 3i_3 - 36 = 0$$
$$-3i_3 - 2i_2 - 36 = 0$$

三个方程联立，解出

$$i_1 = 8A, \quad i_2 = -12A, \quad i_3 = -4A$$

本 章 小 结

实际电路理想化的电路模型用电路图的形式展现。由于电路中出现的电源不只一个，同时电路变得复杂，元件或支路电压电流的实际方向往往难以判断，列方程前需假设其参

考方向，习惯上用"+""−"极性表示电压的参考方向，用箭头表示电流的参考方向。假设了参考方向后，电压和电流的正负就表明了实际方向。

电路分析中所讨论的电阻、电感和电容都是线性元件，这三个无源元件 VCR 的默认表达式基于电压和电流为关联参考方向得到，由于储能元件电容和电感的 VCR 表达式为微分方程，因此它们又称为动态元件。

电压源和电流源为理想独立电源，电压源的电压和外电路无关，电流源的电流和外电路也无关，分析电路时电源的激励作为已知条件使用。电路遵循功率平衡，电源在电路中可能吸收功率，可根据两端的电压和电流方向判断。受控源的大小和方向都受控，注意根据图形符号区分不同受控源的类型。

元件通过理想导线连接，串联和并联是最基本的连接方式，串联的特点为串联元件流过同一电流，并联的特点为并联元件两端为同一电压。开路和短路是两种特殊的状态，一条支路开路则其电流为 0，两点短路则其电压为 0。

电路中的电流之间和电压之间根据电路结构具有一定的约束关系。基尔霍夫定律指出：对于一个节点，与之相连支路电流的代数和为 0；对于一个回路，回路中各支路电压的代数和为0。

电路中除了电源和所求的电压或电流会标出参考方向，通常不标出其他元件或支路的电压和电流参考方向，需要先假设参考方向，然后才能列出所需的电路方程。

电路分析是在已知电路结构和元件参数的条件下，讨论激励和响应的关系。已知结构可列出 KCL 和 KVL 方程，已知元件参数即可得到其 VCR 表达式。掌握了电路分析的基础知识就可以对各种线性电路进行分析和计算，这些基础知识也是常用的电路分析方法的依据。

思 考 题

1-1　哪些元件是无源元件？无源元件的 VCR 表达式及成立条件是什么？

1-2　电感的电压和电流是微分关系，电感是线性电感吗？

1-3　为什么说电容在直流稳态电路中相当于开路？如果电容两端的电压为 0，电容相当于什么状态？

1-4　电压的方向和元件有关，电压源电压的方向是由负极指向正极，这种说法是否正确？

1-5　含有受控源的电路中一定有独立源，为什么？

1-6　对于一个节点，是否可以把所有支路电流的参考方向都假设为流入节点？

1-7　已知电路的结构，可以列出哪些方程？已知元件的参数呢？

1-8　开口电路的端子电流是否都为 0？

习 题

1-1　计算题 1-1 图所示电路中各个元件的电流。

1-2　计算题 1-2 图所示电路中各个元件的电压。

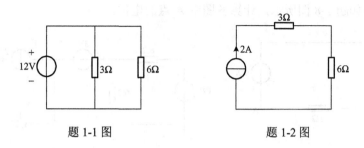

题 1-1 图　　　　　　　　　　题 1-2 图

1-3　电路如题 1-3 图所示，$u = 220\sqrt{2}\cos(314t + 30°)\text{V}$，计算电流 i；根据计算结果，说明电压和电流的相位关系。

1-4　电路如题 1-4 图所示，计算各支路电流。

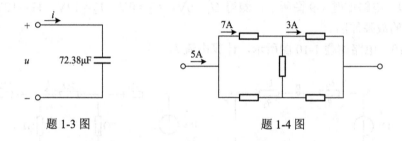

题 1-3 图　　　　　　　　　　题 1-4 图

1-5　根据题 1-5 图所示电路直接写出 U 的表达式并计算结果。

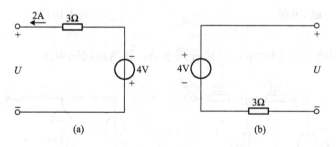

(a)　　　　　　　　　　(b)

题 1-5 图

1-6　电路如题 1-6 图所示，计算电流 I，并验证电路的功率平衡。

1-7　电路如题 1-7 图所示，计算电压 U，并验证电路的功率平衡。

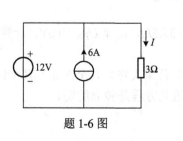
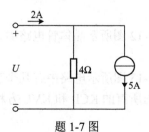

题 1-6 图　　　　　　　　　　题 1-7 图

1-8　　电路如题 1-8 图所示，计算各图中 A 点的电位。

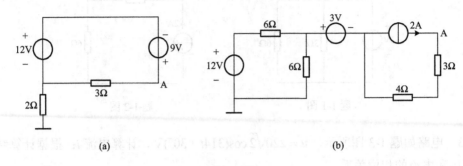

题 1-8 图

1-9　　电路如题 1-9 图所示，测得 $U_1 = 0\mathrm{V}$，$U_2 = 0\mathrm{V}$，$V_a = 12\mathrm{V}$，$V_b = 12\mathrm{V}$，$V_c = 0\mathrm{V}$，分析电路的故障原因。

1-10　　电路如题 1-10 图所示，计算电流 I。

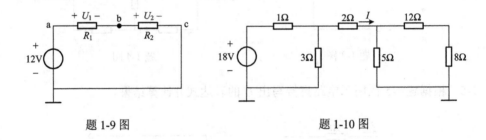

题 1-9 图　　　　　　　　　　　　　　　　题 1-10 图

1-11　　电路如题 1-11 图所示，计算各图中 A、B 两点间的电压。

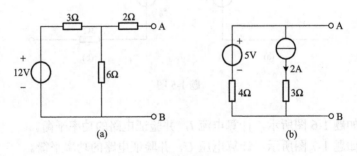

题 1-11 图

1-12　　题 1-12 图所示晶体管电路中，$I_C = 37.5 I_B$，已知 $U_{BE} = 0.6\mathrm{V}$，计算 I_B、I_C、I_E 和 C 点的电位。

1-13　　题 1-13 图所示电路中有几个节点？几条支路？几个网孔？几个回路？以支路电流为变量，列出所有的 KCL 和 KVL 方程，这些方程是独立的吗？

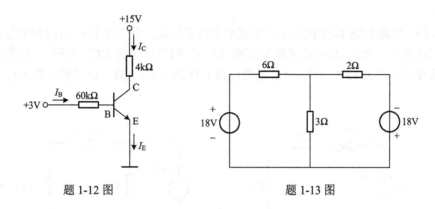

题 1-12 图　　　　　　　　　　题 1-13 图

1-14　电路如题 1-14 图所示，列出电路的 KVL 方程；以电感的电流为变量，列出 KVL 方程；计算电流的大小。

1-15　把题 1-14 图所示电路中的 12V 直流电源，替换为 $u_1 = 220\sqrt{2}\cos(314t + 30°)$V 的交流电源，以电感的电流为变量，列出 KVL 方程；讨论两种电源作用下，电路方程的特点。

1-16　电路如题 1-16 图所示，如果已知 u_C，写出 i 的表达式。

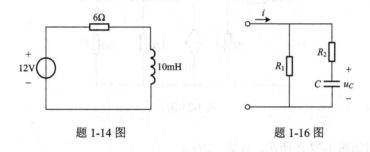

题 1-14 图　　　　　　　　　　题 1-16 图

1-17　电路如题 1-17 图所示，如果已知 i_L，写出 u 的表达式。

1-18　电路如题 1-18 图所示，已知 $i_c = 5i_b$，计算电压 u。

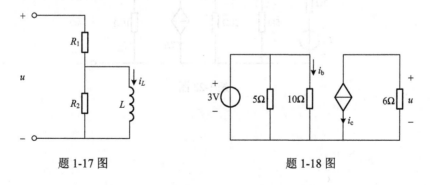

题 1-17 图　　　　　　　　　　题 1-18 图

1-19　电路如题 1-19 图所示，电容原来没有储能，开关 S 在 $t = 0$ 时刻动作，对于开关闭合后的电路，求：(1)电路的响应有哪些？(2)列出电路的 KVL 方程；(3)如果以电容的电压为变量，列出 KVL 方程；(4)说明电路方程的特点；(5)定性说明电路方程的解是什么形式？

1-20 电路如题 1-20 图所示，电感原来没有储能，开关 S 在 $t = 0$ 时刻动作，对于开关闭合后的电路，求：(1)电路的响应有哪些？(2)列出电路的 KCL 方程；(3)如果以电感的电流为变量，列出 KCL 方程；(4)说明电路方程的特点；(5)定性说明电路方程的解是什么形式？

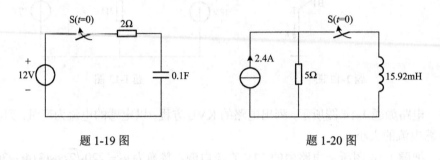

题 1-19 图   题 1-20 图

1-21 电路如题 1-21 图所示，计算 U_o/U_i。

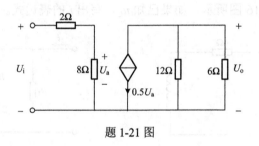

题 1-21 图

1-22 电路如题 1-22 图所示，计算 U_o/U_S。

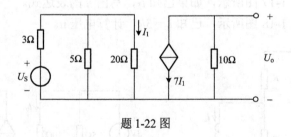

题 1-22 图

第2章 直流稳态电路的一般分析

本章提要

根据基尔霍夫定律和元件的 VCR，选择不同的变量，可以得到多种电路分析的方法。本章首先讨论电路的独立方程数，再以电阻电路为例，讨论电路的一般分析方法。网孔电流法和节点电压法是分析复杂电路的常用方法。

2.1 电路的独立方程

应用基尔霍夫定律，对一个具有 n 个节点的电路可以列出 n 个 KCL 方程，还可以对每个回路列出相应的 KVL 方程，得到的两组方程具有一定的数量，这些电路方程不是独立的，给求解带来了不便。

直流稳态电路中的电源全部为直流电源，电路的结构和元件的参数固定不变，电路中的电压和电流都是恒定值。在直流稳态电路中，由于电容相当于开路，电感相当于短路，因此这两个元件不在直流稳态电路中讨论。

计算电路中每一条支路的电压或电流，称为电路的一般分析。电路的一般分析需要对整个电路列出必要数量的方程，方程要涉及所有支路，如何按照一定的规律直接列出独立的电路方程，是进行电路一般分析首先要解决的问题。

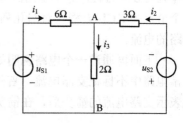

图 2-1 独立的 KCL、KVL 方程数

下面通过一个实例，找出图 2-1 所示电路的独立 KCL 和 KVL 方程数。

图 2-1 的电路有两个节点、三条支路、三个回路，其中包含两个网孔。在图中假设三条支路的电流。

节点 A 的 KCL 方程为

$$i_1 + i_2 - i_3 = 0 \tag{2.1}$$

节点 B 的 KCL 方程为

$$-i_1 - i_2 + i_3 = 0 \tag{2.2}$$

可以看出两个方程是一样的。本电路共有两个节点，独立的 KCL 方程数为 1，比节点数少 1 个。此结论对其他电路也适用，即具有 n 个节点的电路，独立的 KCL 方程数为 $n-1$。

电阻元件的电压用支路电流表示，本电路对应的 KVL 方程分别为

左网孔(取顺时针绕行方向，简称绕向)：

$$6i_1 + 2i_3 - u_{S1} = 0 \tag{2.3}$$

右网孔(取逆时针绕向)：

$$3i_2 + 2i_3 + u_{S2} = 0 \tag{2.4}$$

大回路(取顺时针绕向)：

$$6i_1 - 3i_2 - u_{S2} - u_{S1} = 0 \tag{2.5}$$

可以看出，三个电压方程，由任意的两个都能推出第三个方程，说明独立的 KVL 方程数为 2，这个数量和网孔的数量相等。

对于一个具有 b 条支路、n 个节点的电路，通过图论借助树的概念可证明：独立的 KVL 方程数为 $b-(n-1)$，对于平面电路，此数值即为网孔的数量。

2.2　支路电流法

在上例中，取式(2.1)作为独立的 KCL 方程，取式(2.3)和式(2.4)作为独立的 KVL 方程，两组方程联立，可得

$$i_1 + i_2 - i_3 = 0$$
$$6i_1 + 2i_3 - u_{S1} = 0$$
$$3i_2 + 2i_3 + u_{S2} = 0$$

这组方程是独立的，方程数量和支路电流数量相等，可以解出唯一的解。按照这种规律列写独立方程，分析电路的方法称为支路电流法。支路电流法以支路电流为变量，对 $n-1$ 个节点列 KCL 方程，对网孔列 KVL 方程，两组方程联立求解，即可解出电路中每一条支路的电流。

下面再通过一个电路说明如何应用支路电流法列写电路方程，电路如图 2-2 所示。通常电路中不标记支路电流，首先需要假设各支路电流，支路电流的方向可任意选取，画出表示支路电流的箭头后，在箭头旁对支路电流命名。

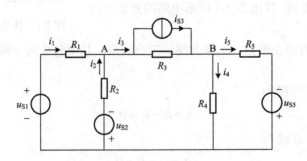

图 2-2　支路电流法

本电路有五条支路，三个节点和三个网孔，独立的 KCL 和 KVL 方程数分别为 2 和 3，独立方程数的总和与支路数相等。分别对 A、B 两个独立节点列 KCL 方程，对三个网孔(取顺时针绕向)列 KVL 方程，可得

$$i_1 + i_2 - i_3 = 0$$
$$i_3 - i_4 - i_5 = 0$$

$$i_1 R_1 - i_2 R_2 - u_{S2} - u_{S1} = 0$$
$$(i_3 - i_{S3}) R_3 + i_4 R_4 + u_{S2} + i_2 R_2 = 0$$
$$-i_4 R_4 + i_5 R_5 - u_{S5} = 0$$

支路电流法应用基尔霍夫定律列出两组独立的电路方程，列写方程容易，但是因为未知量的数量多，手工求解困难；即使可以通过计算机辅助求解，也会显得效率低下。作为入门的电路分析方法，支路电流法虽然容易理解和掌握，但是因为求解的效率不高，在实际中很少应用。

2.3　网孔电流法

网孔电流法是以网孔电流作为电路的独立变量，对网孔列写 KVL 方程，进行电路分析的方法，它仅适用于平面电路。

仍以支路电流法一节的电路为例，通过这个电路来推导网孔电流方程。

在本电路中假设有三个电流 i_{m1}、i_{m2} 和 i_{m3}，分别在 3 个网孔中连续流动，如图 2-3 所示，流动方向为图中虚线箭头所示，称为网孔电流。

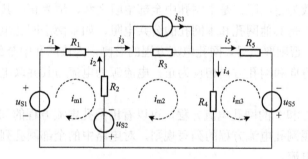

图 2-3　网孔电流法

根据 KCL，可得出各支路电流和网孔电流的关系为

$$i_1 = i_{m1}$$
$$i_2 = i_{m2} - i_{m1}$$
$$i_3 = i_{m2} \tag{2.6}$$
$$i_4 = i_{m2} + i_{m3}$$
$$i_5 = -i_{m3}$$

以支路电流为变量，以网孔电流的方向为回路绕向，对三个网孔列 KVL 方程：

$$R_1 i_1 - R_2 i_2 - u_{S2} - u_{S1} = 0$$
$$R_3 (i_3 - i_{S3}) + i_4 R_4 + u_{S2} + R_2 i_2 = 0 \tag{2.7}$$
$$-R_5 i_5 + R_4 i_4 + u_{S5} = 0$$

把式 (2.6) 中的各支路电流代入式 (2.7)，整理后，有

$$(R_1 + R_2)i_{m1} - R_2 i_{m2} + 0 \cdot i_{m3} = u_{S1} + u_{S2}$$
$$-R_2 i_{m1} + (R_2 + R_3 + R_4)i_{m2} + R_4 i_{m3} = R_3 i_{S3} - u_{S2} \qquad (2.8)$$
$$0 \cdot i_{m1} + R_4 i_{m2} + (R_4 + R_5)i_{m3} = -u_{S5}$$

式(2.8)是以网孔电流为电路变量的网孔电流方程。网孔电流数和独立方程数相等。

以第二个网孔电流方程为例，对照电路和对应方程，可找出方程中各系数的规律。网孔电流方程是以网孔电流为变量，列出的是 KVL 方程，方程中的每一项都是电压项。

方程的左侧，对于本网孔电流，i_{m2} 前面的系数 $R_2+R_3+R_4$ 是网孔 2 中全部的电阻之和，取值为正。对于其他网孔电流，i_{m1} 前面的系数为 $-R_2$，R_2 是网孔 1 和 2 的公共电阻，取值为负，两个网孔电流流过 R_2 时的方向相反；i_{m3} 前面的系数为 R_4，R_4 是网孔 2 和 3 的公共电阻，取值为正，两个网孔电流流过 R_4 时的方向相同。

方程的右侧，$R_3 i_{S3} - u_{S2}$ 为常数，每一项均为电压，和网孔 2 中的全部电源有关。对于电流源，该电压项为电流源的电流乘以其并联电阻，取值为正，电路中该电流的方向和网孔 2 的绕向相同；对于电压源，该电压项为 $-u_{S2}$，为该电压源的电压，取值为负，该电压的方向和本网孔电流的方向相同。

通过第二个网孔电流方程，可得到列写方程的规律。在网孔电流方程的左侧，本网孔电流变量前面的系数为自电阻，是本网孔中全部电阻之和，恒为正；其他网孔电流变量前面的系数为互电阻，是其他网孔和本网孔的公共电阻，如果两个网孔电流流过公共电阻的方向相同，取正号，否则取负号。网孔电流方程的右侧，为该网孔中全部电源的电压之和。电压源为其电压，方向和网孔方向相反为正；电流源为电流与其并联电阻的乘积，电流和网孔方向相同为正。

通过验证网孔 1 和 3 的网孔电流方程，可以看出网孔电流方程的列写规则是正确的。通过观察电路，按照网孔电流方程的列写规则，对电路中的全部网孔列方程，方程联立求解，可得出各网孔电流。

说明：求解网孔电流不是电路分析的目的；网孔电流不是电路中的实际电流；求得各网孔电流后，进一步可求出各支路电流或支路电压。

对比支路电流法，网孔电流法的电路变量明显减少，列写方程时，也不需要太多的电路知识，只需要通过观察电路，认清元件的类型及其所在的支路，按照规律，填写方程中的系数即可。

【例 2-1】 图 2-4 所示电路中，电阻和电压源均为已知，应用网孔电流法求各支路电流。

解 电路中共有两个网孔。假设网孔电流 i_{m1}、i_{m2}，如图 2-4 所示。

网孔电流方程为

$$(6+3)i_{m1} - 3i_{m2} = 18$$
$$-3i_{m1} + (3+2)i_{m2} = 18$$

解得

$$i_{m1} = 4A$$
$$i_{m2} = 6A$$

则各支路电流为

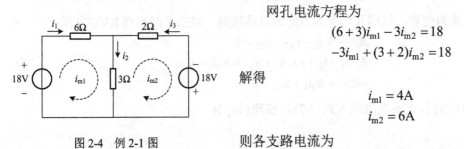

图 2-4 例 2-1 图

$$i_1 = i_{m1} = 4A$$
$$i_2 = i_{m1} - i_{m2} = -2A$$
$$i_3 = -i_{m2} = -6A$$

列写网孔电流方程的补充说明如下。

(1) 列写每个网孔电流方程时，要按照编号由小到大的顺序依次列写各网孔电流变量，即每个网孔电流方程中，每个变量出现的顺序是一致的。方程左侧网孔电流前的系数如果构成一个矩阵，那么这个系数矩阵是一个方阵，矩阵中每列的元素应该对应同一个变量；

(2) 不含受控源的电路中，网孔 i 与 j 的互电阻 R_{ij} 和网孔 j 与 i 的互电阻 R_{ji} 是相等的，系数矩阵为对称矩阵，可以根据这个对称性便捷地填写网孔电流的系数；

(3) 如果两个网孔没有公共电阻，对应的变量前的系数为 0；

(4) 如果网孔电流的绕行方向选取一致——同为顺时针或逆时针，互电阻将为负。

电路中如果含有受控源，列方程时把受控源暂时当作独立源来处理，图 2-5 的电路含有一个电流控制电压源，把受控源的电压写在方程右侧，电压和网孔方向相反取正号。

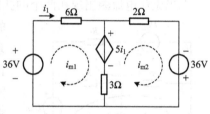

图 2-5　含有受控源的网孔电流方程

网孔电流方程为

$$(6+3)i_{m1} - 3i_{m2} = 36 - 5i_1$$
$$-3i_{m1} + (3+2)i_{m2} = 36 + 5i_1 \tag{2.9}$$

由于受控源的控制量也是未知量，需要补充一个控制量与网孔电流的关系方程：

$$i_1 = i_{m1} \tag{2.10}$$

把式 (2.10) 代入式 (2.9)，得最终的网孔电流方程：

$$14i_{m1} - 3i_{m2} = 36$$
$$-8i_{m1} + 5i_{m2} = 36 \tag{2.11}$$

由于电路中含有受控源，式 (2.11) 中网孔电流方程的互电阻不再相等。

电流源如果没有电阻与之并联，称为无伴电流源。如果对无伴电流源所在的网孔列写网孔电流方程，需要先假设无伴电流源两端的电压 (如图 2-6 中的 U_x)，把这个电压放在等号的右侧，如果该电压的方向和网孔电流方向相反，取正号。因为网孔电流方程是 KVL 方程，所以电流源的电压要出现在方程中，若没有 U_x，则方程是错误的。

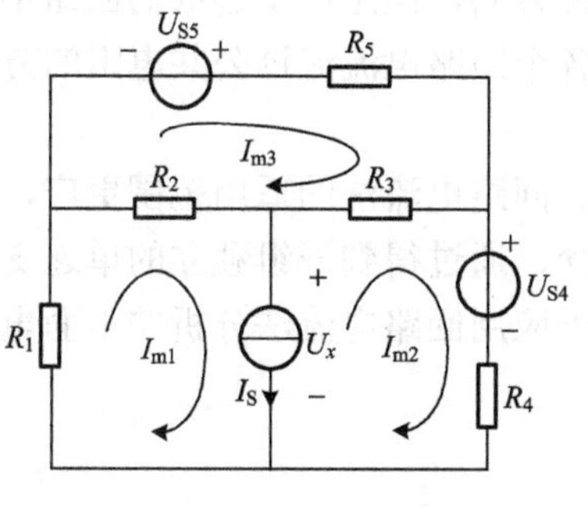

图 2-6　含无伴电流源的网孔电流法

电路的网孔电流方程为

$$(R_1 + R_2)I_{m1} - 0 \cdot I_{m2} - R_2 I_{m3} = -U_x$$
$$0 \cdot I_{m1} + (R_3 + R_4)I_{m2} - R_3 I_{m3} = -U_{S4} + U_x$$
$$-R_2 I_{m1} - R_3 I_{m2} + (R_2 + R_3 + R_5)I_{m3} = U_{S5}$$

由于增加了一个变量，还需要补充一个方程。电流源所在支路有网孔 1 和 2 的电流流过，补充方程为

$$I_{m1} - I_{m2} = I_S$$

当电路规模变大时，网孔电流法中的电路变量数量也会增加，人工求解很不现实，需要借助于计算机的帮助。

2.4 回路电流法

回路电流
法列写
方程

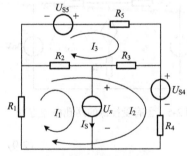

图 2-7 回路电流法

当无伴电流源出现在两个网孔的公共支路上时，应选取一个大一些的回路来代替其中的一个网孔，这个大的回路应包含不属于其余网孔的剩余支路，如图 2-7 所示的回路 2。这样做的好处是，只让一个网孔电流流过无伴电流源支路，如图 2-7 所示的网孔 1，这个网孔电流就等于电流源的电流，不用联立求解。这样选择独立回路，对于解方程来讲，大大简化了计算过程。由于选择的独立回路不都是网孔，本方法称为回路电流法。回路电流法列写方程的原则和网孔电流法相同。

回路电流方程为

$$(R_1 + R_2)I_1 + (R_1 + R_2)I_2 - R_2 I_3 = -U_x$$
$$(R_1 + R_2)I_1 + (R_1 + R_2 + R_3 + R_4)I_2 - (R_2 + R_3)I_3 = -U_{S4}$$
$$-R_2 I_1 - (R_2 + R_3)I_2 + (R_2 + R_3 + R_5)I_3 = U_{S5}$$

补充方程为

$$I_1 = I_S$$

注意：在这组方程中，虽然三个回路选取的都是顺时针方向，但是由于选取的回路不都是网孔，所以互电阻未必为负，互电阻的正负需要根据各个回路电流流过公共电阻的方向相同或相反来判断。

当电路为非平面电路时，很明显网孔电流法不再适用。回路电流法的适用范围更广，它可应用于非平面电路。回路电流法可借助图论中树的概念，通过得到一组独立的单连支回路，来列写回路电流方程。本书主要讨论平面电路，对于应用回路电流法分析非平面电路，可参考其他资料。

2.5 节点电压法

在含有 n 个节点的电路中，任意选择某一节点为参考节点，其他 $n–1$ 个节点与此参考

节点之间的电压称为节点电压。对这 $n–1$ 个节点列出的 KCL 方程是独立的, 故这些节点称为独立节点。若以参考节点的极性为负, 则独立节点的极性为正。

节点电压法是以节点电压为电路变量, 并对独立节点列写 KCL 方程, 进行电路分析的方法。

下面以图 2-8 所示电路为例, 来推导节点电压方程。以节点 0 为参考节点, 并将节点 1、2 的节点电压分别用 u_{n1}、u_{n2} 表示, 即 $u_{n1} = u_{10}$, $u_{n2} = u_{20}$。电流以流出为正, 分别对两个独立节点列 KCL 方程:

$$-i_1 - i_2 + i_3 = 0$$
$$-i_3 + i_4 + i_5 = 0 \tag{2.12}$$

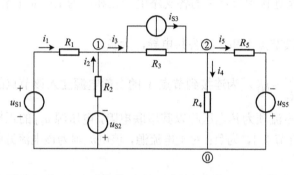

图 2-8　节点电压法

取元件的下标为支路的编号, 支路电压和支路电流为关联参考方向。支路 1 和 2 都是连接在节点 1 和 0 之间, 支路电压均为 u_{n1}; 支路 3 连接在节点 1 和 2 之间, 支路电压是两个节点电压之差, 则该支路电压为 $u_{n1} - u_{n2}$; 支路 4 和 5 都连接在节点 2 和 0 之间, 支路电压均为 u_{n2}。

五条支路的支路方程为

$$u_{n1} = -i_1 R_1 + u_{S1}$$
$$u_{n1} = -i_2 R_2 - u_{S2}$$
$$u_{n1} - u_{n2} = (i_3 - i_{S3}) R_3 \tag{2.13}$$
$$u_{n2} = i_4 R_4$$
$$u_{n2} = i_5 R_5 - u_{S5}$$

由式 (2.13) 可得出用节点电压表示的各支路电流:

$$i_1 = \frac{u_{S1} - u_{n1}}{R_1}, \quad i_2 = \frac{-u_{S2} - u_{n1}}{R_2}, \quad i_3 = \frac{u_{n1} - u_{n2}}{R_3} + i_{S3}$$

$$i_4 = \frac{u_{n2}}{R_4}, \quad i_5 = \frac{u_{n2} + u_{S5}}{R_5} \tag{2.14}$$

将式 (2.14) 代入式 (2.12) 并整理, 得

$$\left(\frac{1}{R_1}+\frac{1}{R_2}+\frac{1}{R_3}\right)u_{n1}-\frac{1}{R_3}u_{n2}=\frac{u_{S1}}{R_1}-\frac{u_{S2}}{R_2}-i_{S3}$$

$$-\frac{1}{R_3}u_{n1}+\left(\frac{1}{R_3}+\frac{1}{R_4}+\frac{1}{R_5}\right)u_{n2}=i_{S3}-\frac{u_{S5}}{R_5}$$

$$(2.15)$$

式(2.15)即以节点电压为电路变量的节点电压方程。电路变量数和独立方程数相等。

节点电压方程是以节点电压为变量列出的 KCL 方程，方程中的每一项都是电流项。

以第 1 个节点电压方程为例，对照电路和得到的方程，可找出方程中各系数的规律。这个方程是对节点 1 列 KCL 方程得到的，通过观察电路可以看到，本节点电压 u_{n1} 前面的系数 $\left(\frac{1}{R_1}+\frac{1}{R_2}+\frac{1}{R_3}\right)$ 是连接到节点 1 的各支路电导之和，为正；非本节点电压 u_{n2} 前面的系数为 $-\frac{1}{R_3}$，$\frac{1}{R_3}$ 是连接节点 1 和 2 的公共电导，为负。

方程右侧 $\frac{u_{S1}}{R_1}-\frac{u_{S2}}{R_2}-i_{S3}$，为连接到节点 1 的全部电源注入该节点的电流代数和。对于电压源 u_{S1} 和 u_{S2}，该电流项为其电压除以其串联电阻，电压源 u_{S1} 的正极靠近节点 1，为正，电压源 u_{S2} 的负极靠近节点 1，为负；对于电流源，该电流项为该电流源的电流，流入节点 1，为正。

通过第一个节点电压方程，得到列写节点电压方程的规律。在节点电压方程的左侧，本节点电压变量前面的系数为自电导，是连接到本节点的全部支路电导之和，恒为正；其他节点电压变量前面的系数为互电导，是直接连在其他节点和本节点之间的公共电导，恒为负。节点电压方程的右侧，为连接到该节点的全部电源的电流之和。电流源为其电流，流入该节点为正，流出为负；电压源为其电压除以串联电阻，电压的正极靠近该节点为正，电压的负极靠近该节点为负。

通过节点 2 验证节点电压方程的列写规则是正确的。

节点电压法以节点电压为电路变量，和支路电流法相比，变量明显减少。求解节点电压不是电路分析的目的，求出节点电压后，即可求出各支路电压或支路电流。

各方程中节点电压变量出现的顺序应一致，若两个节点之间没有直接的支路连接，则互电导为零，在不含受控源的电阻电路中，节点 i、j 之间的互电导与节点 j、i 之间的互电导相等，即 $G_{ij}=G_{ji}$。

注意：列节点电压方程时，应通过观察电路，对独立节点直接写出形如式(2.15)的方程。

【例 2-2】 用节点电压法求解图 2-9 所示电路中各支路电流。

解　本例仍采用前述章节中的电路，对于同一个电路可以应用不同的方法分析。本电路只有两个节点，则节点电压方程只有一个。以 B 点作为参考节点，可得

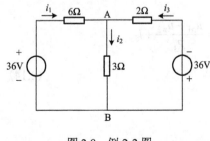

图 2-9　例 2-2 图

$$\left(\frac{1}{6}+\frac{1}{3}+\frac{1}{2}\right)U_{AB}=\frac{36}{6}-\frac{36}{2} \tag{2.16}$$

注意：电路中标出的支路电流，不是电源的电流，不要把支路电流列入节点电压方程。

式(2.16)两侧同时除以自电导，得到 A、B 两点电压：

$$U_{AB}=\frac{\dfrac{36}{6}-\dfrac{36}{2}}{\dfrac{1}{6}+\dfrac{1}{3}+\dfrac{1}{2}}=-12(V) \tag{2.17}$$

各支路电压均为电压 U_{AB}，根据支路方程：

$$U_{AB}=-6i_1+36$$
$$U_{AB}=3i_2$$
$$U_{AB}=-2i_3-36$$

可得

$$i_1=\frac{36-U_{AB}}{6}=8A$$

$$i_2=\frac{U_{AB}}{3}=-4A$$

$$i_3=\frac{-36-U_{AB}}{2}=-12A$$

式(2.17)可推广到只有两节点 A、B 的电路，其两点电压表达式为

$$U_{AB}=\frac{\sum i_S+\sum\dfrac{u_S}{R}}{\sum\dfrac{1}{R}} \tag{2.18}$$

式(2.18)中的分母为各支路电导之和，分子为各电源注入节点 A 的电流之和。

电压源如果没有电阻与之串联，称为无伴电压源。对于含有无伴电压源的电路，通常选择无伴电压源的负极为参考节点，则无伴电压源正极对应的独立节点电压即为无伴电压源的电压，不用联立求解。这样选择参考节点，可以提高解题的效率。

如果对无伴电压源正极所在的独立节点列写节点电压方程，需要先假设无伴电压源上的电流(如图 2-10 所示电路中的 I_x)，把这个电流放在等号的右侧，如果流入节点，取正号。因为节点电压方程是 KCL 方程，所以电压源支路的电流要出现在方程中，若没有 I_x，则方程是错误的。

电路的节点电压方程为

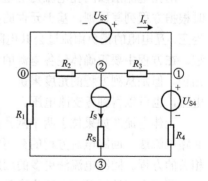

图 2-10　含有无伴电压源的节点电压法

$$(G_3 + G_4)U_{n1} - G_3 U_{n2} - G_4 U_{n3} = I_x + G_4 U_{S4}$$

$$-G_3 U_{n1} + (G_2 + G_3)U_{n2} - 0 \cdot U_{n3} = -I_S$$

$$-G_4 U_{n1} - 0 \cdot U_{n2} + (G_1 + G_4)U_{n3} = -G_4 U_{S4} + I_S$$

补充方程为

$$U_{n1} = U_{S5}$$

列写这个电路的节点电压方程还有两点要注意。

一是和电流源串联的电阻 R_S，不应出现在方程中。因为电流源的电流是固定的函数，所在支路电流即为电流源的电流，和电流源串联的电阻不会改变所在支路的电流。

二是需要补充节点电压和无伴电压源的关系方程。因为电压源的电压也是一个已知参数，如果不补充这个方程显然是不对的。

为了列写节点 1 的节点电压方程，增加了一个变量 I_x，通过列写补充方程，保证了独立方程和未知量的数量相等，方程组的解才是唯一的。

节点电压法列写方程

节点电压法既适用于平面电路也适用于非平面电路，独立节点的选取方便，因此在电路分析中，节点电压法具有更广泛的应用。节点电压法也是通过观察电路，根据元件类型及其所在的位置，遵循列写方程规则，正确填写方程中的各项系数，即可得出节点电压方程。

本 章 小 结

具有 n 个节点的电路，独立的 KCL 方程数为 $n-1$。常见的平面电路，独立的 KVL 方程数和网孔数相等。

支路电流法以支路电流为变量，列出 KCL 和 KVL 两组独立方程，在 KVL 方程中，无源元件的电压通过其 VCR 表达式写出，是电路的一般分析中最基本的方法。如果还需要计算支路电压，可通过列写支路方程得到。由于电路变量过多，在电路的分析和计算中，不建议使用支路电流法。

网孔电流法以网孔电流为变量，通过观察电路，对全部网孔列网孔电流方程。列方程时根据方程列写原则，基于元件的类型及其所在的位置，填写方程中的相关系数。自电阻为正，互电阻的正负由流过公共电阻的网孔电流方向决定；网孔电流方程实际上是 KVL 方程，在方程中要正确体现各电源的激励。虽然该方法推导时应用了电路的基本定律和相关知识，但是从列方程的角度来讲，并不需要太多的电路知识。通过网孔电流可以得到支路电流，也可以得到各支路电压。

无伴电流源如果位于两个网孔的公共支路上，从提高求解方程组的效率来讲，应采用回路电流法。回路电流方程的列写原则和网孔电流法相同，但需要补充一个和电流源电流相关的方程。回路电流法更多的应用是在非平面电路。

节点电压法以节点电压为变量，对所有的独立节点列写节点电压方程。列方程时根据元件的类型及其所在的位置，填写方程中的相关系数。自电导为正，互电导为负；节点电压法列写的是 KCL 方程，各类电源的参数在方程中需正确处理。列写节点电压方程也是通过观察，可暂时不考虑更多的电路分析相关知识，只关注电路的结构、元件和方程列写原则即可。由于确定独立节点比独立回路更方便，节点电压法的应用更广泛。

当电路中出现受控源时，暂时把受控源看作独立源，同时需要补充一个控制量和电路变量相关的方程。

网孔(电流)法和节点(电压)法是进行电路一般分析的常用方法，可根据电路的特点选择应用合适的方法。

思　考　题

2-1　一个电路的独立 KCL 和 KVL 方程数分别是多少？

2-2　为什么支路电流法是不推荐的电路分析方法？

2-3　推导网孔电流法或节点电压法时，应用了哪些电路分析的基础知识？列写网孔电流方程或节点电压方程时需要这些知识吗？

2-4　为什么应用网孔电流法或节点电压法列写方程时，每个方程中变量的顺序应该一致？

2-5　网孔电流方程中的互电阻，是否一定为负？如何保证互电阻为负？

2-6　在 KVL 方程中，电压的方向和回路绕向相同，该电压取正号，为什么在网孔电流方程中电压源的电压和回路绕向相同，却取负号？

2-7　在节点电压方程中，是否所有支路的电导都出现在方程中？

2-8　对于含有无伴电压源的电路，在应用节点电压法时，如何使求解效率提高？

习　　题

2-1　已知电路的结构如题 2-1 图所示，a、b、c、d 为节点，线 1~6 为支路，求：(1)该电路的独立 KCL 和 KVL 方程数量分别为多少？(2)假设各支路电流的参考方向，并列出独立的 KCL 方程；(3)假设各支路电压的参考方向，并对网孔列出独立的 KVL 方程。

2-2　已知电路的结构如题 2-2 图所示，a、b、c、d、e 为节点，线 1~8 为支路，求：(1)该电路的独立 KCL 和 KVL 方程数量分别为多少？(2)假设各支路电流的参考方向，并列出独立的 KCL 方程；(3)假设各支路电压的参考方向，并对网孔列出独立的 KVL 方程。

2-3　电路如题 2-3 图所示，电流源和电阻的并联可以看作一条支路，在图中标出各支路电流的参考方向，应用支路电流法，计算电路中各支路电流。

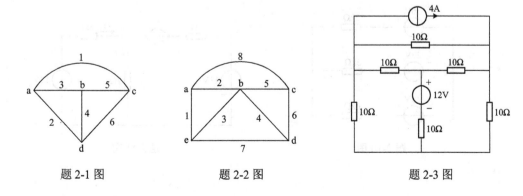

题 2-1 图　　　　　　　题 2-2 图　　　　　　　题 2-3 图

2-4 电路如题 2-3 图所示，应用网孔电流法，计算各支路电流。

2-5 电路如题 2-3 图所示，应用节点电压法，计算各支路电流。

2-6 电路如题 2-6 图所示，列出网孔电流方程，计算电流 I。

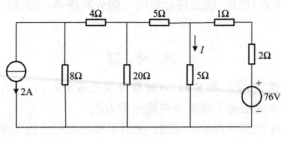

题 2-6 图

2-7 电路如题 2-7 图所示，应用回路电流法，计算电流 I。

2-8 电路如题 2-7 图所示，应用节点电压法，计算电流 I。

2-9 电路如题 2-9 图所示，应用节点电压法，计算电流 I。

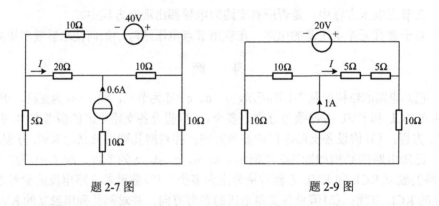

题 2-7 图   题 2-9 图

2-10 电路如题 2-10 图所示，分别用网孔电流法和节点电压法计算各支路电流。

2-11 电路如题 2-11 图所示，应用网孔电流法，计算电流 I。

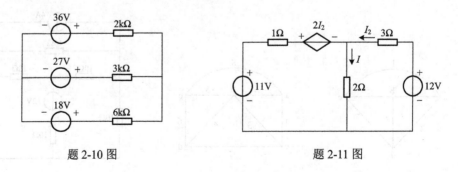

题 2-10 图   题 2-11 图

2-12 电路如题 2-12 图所示，应用节点电压法，计算电流 I。

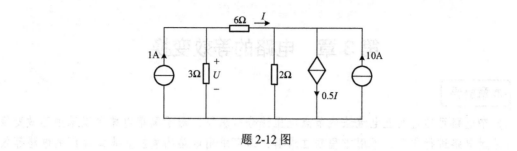

题 2-12 图

第3章 电路的等效变换

本章提要

复杂电路可通过网孔电流法或节点电压法分析求解,对于简单电路可以采用等效变换的方法对电路进行化简,不用方程联立求解,即可求出电路的响应。本章介绍的电路等效变换包括同类无源元件(电阻、电感或电容)的等效变换和电源的等效变换。只含有一类无源元件串联或并联的电路,对外电路可以等效成一个元件,电阻构成的电桥电路常应用星-三角等效变换来化简电路。输入电阻是无源电阻一端口的一个参数,该参数为一端口的等效电阻。电压源串联或电流源并联都可以等效为一个电源。含内阻的电压源和电流源满足条件则可以对外等效互换。

3.1 电阻的等效变换

3.1.1 等效变换的概念

对不太复杂的电路进行分析和计算时,不必应用网孔电流法或节点电压法,可以用一个较为简单的电路来代替原电路,以便于计算。比如,计算几个串联电阻的电流,可以用一个等效电阻代替这几个电阻再计算,即对电路进行了等效变换。当然在变换后的电路中,串联的每个电阻找不到了,求每个电阻的电压还要回到原电路去计算。等效变换是对外等效,即电路中未被等效部分的电压和电流保持不变。

电路的等效变换经常使用,如电路中含有串联或并联的电阻、电感或电容,通常先做等效变换,把电路化简后再分析计算。几节电池串联在一起可等效为一个电压源来处理。当电路中的无源元件仅有电阻时,该电路称为电阻电路,电阻电路中可以包含受控源。电阻的串联或并联易于等效变换;电桥电路的等效涉及星-三角变换,略复杂。

3.1.2 电阻的串联和并联

图 3-1(a)所示电路中有 n 个电阻串联,由于流过每个电阻的电流为同一电流,根据 KVL,有

$$u = u_1 + u_2 + \cdots + u_n$$

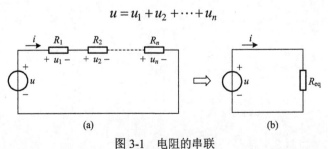

图 3-1 电阻的串联

把各电阻的电压用电流表示，则有

$$u = R_1 i + R_2 i + \cdots + R_n i = (R_1 + R_2 + \cdots + R_n)i$$

令

$$R_{\mathrm{eq}} = R_1 + R_2 + \cdots + R_n = \sum_{k=1}^{n} R_k \qquad (3.1)$$

电阻 R_{eq} 称为这 n 个串联电阻的等效电阻，即电阻串联的等效电阻等于各个串联电阻之和，下标 eq 表示等效（Equivalent）。很明显，等效电阻大于任意一个串联电阻。把串联的电阻用等效电阻代替，如图 3-1(b) 所示，端口处的电压和电流保持不变。

串联时，各电阻的电压为

$$u_k = R_k i = R_k \frac{u}{R_{\mathrm{eq}}} = \frac{R_k}{R_{\mathrm{eq}}} u \qquad (3.2)$$

式 (3.2) 表明，每个串联电阻的电压与其阻值成正比，当端电压一定时，阻值大的电阻得到的电压高；阻值小的电阻得到的电压低。式 (3.2) 称为电压分配公式，或称为分压公式。电阻串联常用来分压或者限流。

图 3-2(a) 所示电路为 n 个电阻的并联。可用 "//" 符号表示电阻的并联关系，如 $R_1//R_2$ 表示电阻 R_1 和 R_2 并联。电阻并联时，各电阻的电压为同一电压。

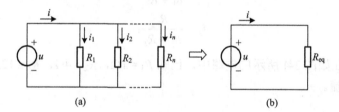

图 3-2　电阻的并联

根据 KCL，有

$$i = i_1 + i_2 + \cdots + i_n$$

把各电阻的电流用电压表示，得

$$i = \frac{u}{R_1} + \frac{u}{R_2} + \cdots + \frac{u}{R_n} = \left(\frac{1}{R_1} + \frac{1}{R_2} + \cdots + \frac{1}{R_n} \right)u$$

令

$$\frac{1}{R_{\mathrm{eq}}} = \frac{1}{R_1} + \frac{1}{R_2} + \cdots + \frac{1}{R_n} \qquad (3.3)$$

电阻 R_{eq} 称为这 n 个并联电阻的等效电阻，即电阻并联的等效电阻的倒数等于各个并联电阻的倒数之和。很明显，等效电阻小于任意一个并联电阻。把电阻并联用等效电阻代替，如图 3-2(b) 所示，端口处的电压和电流保持不变。

由于电阻的倒数为电导，故式 (3.3) 也可写为

$$G_{\mathrm{eq}} = G_1 + G_2 + \cdots + G_n \qquad (3.4)$$

即 n 个电导并联，等效电导为各个并联电导之和。

电路中经常遇到两个电阻并联的情况，其等效电阻为

$$R_{eq} = \frac{R_1 R_2}{R_1 + R_2} \tag{3.5}$$

计算两个以上电阻并联的等效电阻时，不要反复使用式(3.5)。由式(3.3)可得到

$$R_{eq} = \frac{1}{\dfrac{1}{R_1} + \dfrac{1}{R_2} + \cdots + \dfrac{1}{R_n}} = \frac{1}{\sum\limits_{k=1}^{n} \dfrac{1}{R_k}} \tag{3.6}$$

电阻并联时，各电阻的电流为

$$i_k = \frac{u}{R_k} = G_k u = G_k R_{eq} i = G_k \frac{1}{G_{eq}} i = \frac{G_k}{G_{eq}} i \tag{3.7}$$

由式(3.7)可见，流过每个并联电阻的电流与其电导值成正比，与电阻值成反比。式(3.7)称为电流分配公式，或称为分流公式。

电阻并联常用来分流或者调节电流。

当 R_1 和 R_2 两个电阻并联时，如图 3-3 所示，已知总电流 i，每个电阻上的电流分别为

$$i_1 = \frac{R_2}{R_1 + R_2} i$$
$$i_2 = \frac{R_1}{R_1 + R_2} i \tag{3.8}$$

【例 3-1】 在如图 3-4 所示的电路中，已知 $R_1 = 1\Omega$，$R_2 = 4\Omega$，$R_3 = 12\Omega$，$U = 16\text{V}$，求电路中各支路电流。

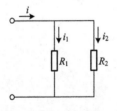
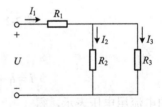

图 3-3 两个电阻并联   图 3-4 例 3-1 图

解 本例中 R_2 和 R_3 并联后和 R_1 串联，电阻之间的关系称为串并联或混联。

串并联的总电阻为

$$R = R_1 + R_2 /\!/ R_3 = 1 + 4 /\!/ 12 = 4(\Omega)$$

电路的总电流为

$$I_1 = \frac{U}{R} = \frac{16}{4} = 4(\text{A})$$

根据分流公式得

$$I_2 = \frac{R_3}{R_2 + R_3} \times I_1 = 3\text{A}$$

$$I_3 = \frac{R_2}{R_2 + R_3} \times I_1 = 1\text{A}$$

3.1.3 电阻的星-三角等效变换

串联和并联是电阻常见的两种连接方式。如图 3-5 所示，电桥电路中的电阻两两之间既没有串联也没有并联的连接关系，化简时采用星-三角等效变换。

星形连接(简称星接)和三角形连接(简称三角接)是三个二端元件之间的连接关系，两种连接的电路各有三个向外引出的端子。

星形连接又称为 Y 形连接，除了向外引出的三个端子，还有一个中点，如图 3-6(a)所示。

星形连接也可以不采用直观的画法，如图 3-6(b)、(c)所示的电路都是星形连接，有时也把星形称为 T 形结构。

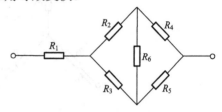

图 3-5　电桥电路

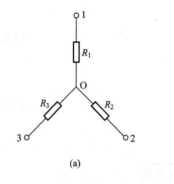

(a)

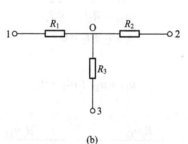

(b)

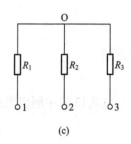

(c)

图 3-6　电阻的星形连接

三角形连接又称为△形连接，如图 3-7(a)所示。如图 3-7(b)、(c)所示的电路也是三角形连接，有时也把三角形称为 Π 形结构。

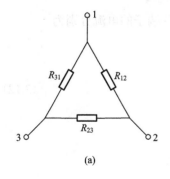

(a)

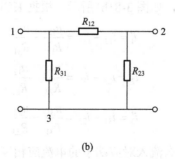

(b)

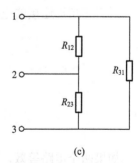

(c)

图 3-7　电阻的三角形连接

　　如果两种结构的外特性相同，即对应端子间的电压相等，同时流入对应端子的电流也相等，那么电阻的星形连接和三角形连接就是等效的。

　　图 3-8 中，设两个电路中对应端子间有相同的电压 u_{12}、u_{23} 和 u_{31}。

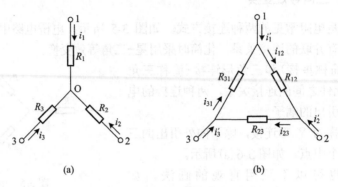

(a)　　　　　　　　　　　　　(b)

图 3-8　星形连接和三角形连接的等效变换

　　对于星形连接的电路，如图 3-8(a) 所示，有

$$u_{12} = R_1 i_1 - R_2 i_2$$
$$u_{23} = R_2 i_2 - R_3 i_3 \tag{3.9}$$
$$i_1 + i_2 + i_3 = 0$$

注意到

$$u_{12} + u_{23} + u_{31} = 0 \tag{3.10}$$

从式 (3.9) 中解出电流：

$$i_1 = \frac{R_3 u_{12}}{R_1 R_2 + R_2 R_3 + R_3 R_1} - \frac{R_2 u_{31}}{R_1 R_2 + R_2 R_3 + R_3 R_1}$$
$$i_2 = \frac{R_1 u_{23}}{R_1 R_2 + R_2 R_3 + R_3 R_1} - \frac{R_3 u_{12}}{R_1 R_2 + R_2 R_3 + R_3 R_1} \tag{3.11}$$
$$i_3 = \frac{R_2 u_{31}}{R_1 R_2 + R_2 R_3 + R_3 R_1} - \frac{R_1 u_{23}}{R_1 R_2 + R_2 R_3 + R_3 R_1}$$

　　对于三角形连接的电路，如图 3-8(b) 所示，根据 KCL，各端子的电流分别为

$$i_1' = i_{12} - i_{31} = \frac{u_{12}}{R_{12}} - \frac{u_{31}}{R_{31}}$$
$$i_2' = i_{23} - i_{12} = \frac{u_{23}}{R_{23}} - \frac{u_{12}}{R_{12}} \tag{3.12}$$
$$i_3' = i_{31} - i_{23} = \frac{u_{31}}{R_{31}} - \frac{u_{23}}{R_{23}}$$

　　如果两个电路等效，那么流入对应端子的电流应相等，即

$$i_1 = i_1', \quad i_2 = i_2', \quad i_3 = i_3'$$

　　因此，式 (3.11) 与式 (3.12) 中各电压项前面的系数应该相等，由此得到由星接转换为三

角接的等效电阻：

$$R_{12} = \frac{R_1R_2 + R_2R_3 + R_3R_1}{R_3} = R_1 + R_2 + \frac{R_1R_2}{R_3}$$

$$R_{23} = \frac{R_1R_2 + R_2R_3 + R_3R_1}{R_1} = R_2 + R_3 + \frac{R_2R_3}{R_1} \tag{3.13}$$

$$R_{31} = \frac{R_1R_2 + R_2R_3 + R_3R_1}{R_2} = R_3 + R_1 + \frac{R_3R_1}{R_2}$$

应用同样的方法，可以得到由三角形连接转换为星形连接的等效电阻。

对于三角形连接的电路，如图 3-8(b)所示，有

$$\frac{u_{12}}{R_{12}} - \frac{u_{31}}{R_{31}} = i_1'$$

$$\frac{u_{23}}{R_{23}} - \frac{u_{12}}{R_{12}} = i_2' \tag{3.14}$$

$$u_{12} + u_{23} + u_{31} = 0$$

注意到

$$i_1' + i_2' + i_3' = 0 \tag{3.15}$$

从式(3.14)中解出电压(请自行计算)。

对于星形连接的电路，如图 3-8(a)所示，两两端子的电压为

$$u_{12} = R_1i_1 - R_2i_2$$

$$u_{23} = R_2i_2 - R_3i_3 \tag{3.16}$$

$$u_{31} = R_3i_3 - R_1i_1$$

对照系数相等，可得三角形连接转换为星形连接的等效电阻：

$$R_1 = \frac{R_{12}R_{31}}{R_{12} + R_{23} + R_{31}}$$

$$R_2 = \frac{R_{23}R_{12}}{R_{12} + R_{23} + R_{31}} \tag{3.17}$$

$$R_3 = \frac{R_{31}R_{23}}{R_{12} + R_{23} + R_{31}}$$

以上等效变换公式可归纳为

$$三角形电阻 = \frac{星形电阻两两乘积之和}{星形不相邻电阻}$$

$$星形电阻 = \frac{三角形相邻电阻的乘积}{三角形电阻之和}$$

当星形连接或三角形连接的三个电阻相等时，等效变换得到的另一种连接形式中的三个电阻也是相等的。根据等效变换的公式，很明显，三角形连接的电阻大，是星形连接电阻的 3 倍。

利用星-三角等效变换，可使桥式电路化简为串并联电路。

【**例 3-2**】　在如图 3-9(a)所示的电路中，求等效电阻 R_{ab}。

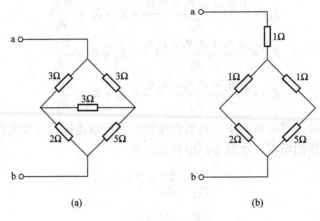

图 3-9　例 3-2 图

解　首先将上面三角形电路变换成星形电路，由于三角接的三个电阻相等，等效星接电阻都是 1Ω，得到如图 3-9(b)所示的电路，再按电阻串并联计算，可求得

$$R_{ab} = 1 + (1+2) /\!/ (1+5) = 3(\Omega)$$

对电桥电路应用 Y-△等效变换后的电路中，电阻之间的关系应为串并联结构，本例也可以对图 3-9(a)下面的△形电路进行等效，但由于三个电阻值不等，计算较麻烦。当然左面的三个电阻和右面的三个电阻分别构成了 Y 形电路，等效变换为△形电路后，电阻之间也是串并联结构(请自行验证)。由于星形结构有中点，因此变换时要注意外接端子的位置。

如图 3-10(a)所示的电桥电路中，若对应桥臂电阻的乘积相等，则称为电桥平衡。电桥平衡的条件为

$$R_1 \cdot R_4 = R_2 \cdot R_3 \tag{3.18}$$

如果电桥平衡，那么连接在 a、b 两点间的电阻 R 无论多大，a、b 两点间既可以看作开路，如图 3-10(b)所示，也可以看作短路，如图 3-10(c)所示。电桥平衡的电路不需要应用 Y-△等效变换进行化简。

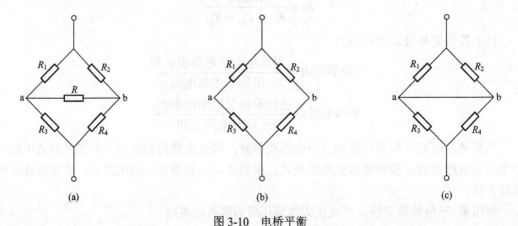

图 3-10　电桥平衡

桥式电路还有其他画法,如图 3-11 所示。

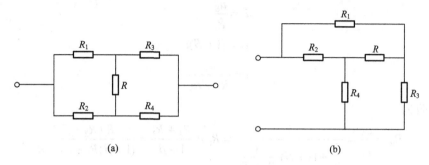

(a)

(b)

图 3-11 桥式电路的其他画法

3.1.4 输入电阻

对于除了电阻外还可能含有受控源的无源一端口,如图 3-12 所示,端口电压和电流为关联参考方向,其输入电阻定义为端口电压与端口电流之比,即

$$R_{\mathrm{in}} = \frac{u}{i} \tag{3.19}$$

若该一端口内部仅含电阻,则可应用电阻的串并联或 Y-△ 等效变换等方法,直接计算等效电阻,其输入电阻 R_{in} 等于该等效电阻。

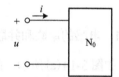

若该一端口还含有受控源,则在端口加电压源,求出端口电流;或在端口加电流源,求出端口电压。然后根据式 (3.19) 计算输入电阻,这种方法称为电压电流法。

图 3-12 无源一端口的输入电阻

注意:应用电压电流法时,需正确标出激励和端口响应的方向,对于一端口,端口电压和电流应为关联参考方向。

若把独立源置零,则有源一端口变成无源一端口。注意两种独立源置零的处理方式不同:电压源置零,相当于短路;电流源置零,相当于开路。

【**例 3-3**】 求图 3-13(a) 所示一端口的输入电阻。

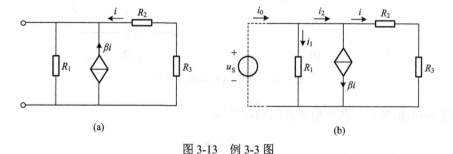

(a)

(b)

图 3-13 例 3-3 图

解 在端口处加电压 u_{S},假设各支路电流,如图 3-13(b) 所示,根据电压源的极性,将控制量 i 改变方向,受控电流源的方向也需要改变。各支路电流为

$$i_0 = i_1 + i_2$$

$$i_1 = \frac{u_S}{R_1}$$

$$i_2 = (1+\beta)i$$

$$i = \frac{u_S}{R_2 + R_3}$$

则输入电阻为

$$R_{in} = \frac{u_S}{i_0} = \frac{1}{\dfrac{1}{R_1} + (1+\beta)\dfrac{1}{R_2 + R_3}} = R_1 \; /\!/ \; \frac{R_2 + R_3}{1 + \beta} = \frac{R_1(R_2 + R_3)}{(1+\beta)R_1 + R_2 + R_3}$$

含有受控源电路的输入电阻

输入电阻是无源一端口的一个参数，阻值的大小决定其从外电路得到电压或电流的多少。

当有源一端口接负载时，负载得到的电压或电流和有源一端口的等效内阻有关，有源一端口的等效内阻等于相应无源一端口的输入电阻，由于其为有源一端口的参数，因此称为输出电阻。

3.2 电感和电容的等效变换

3.2.1 电感的串联和并联

如图 3-14(a)所示，两个电感串联的电压为

$$u = u_1 + u_2 = L_1 \frac{di}{dt} + L_2 \frac{di}{dt} = (L_1 + L_2)\frac{di}{dt} \tag{3.20}$$

则电感串联的等效电感为

$$L_{eq} = L_1 + L_2 \tag{3.21}$$

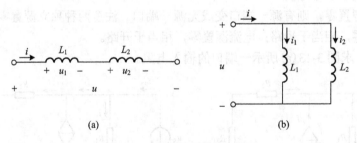

(a)　　　　　　　　　　　(b)

图 3-14　两个电感串联与并联

如图 3-14(b)所示，两个电感并联的电流为

$$i = i_1 + i_2 \tag{3.22}$$

两边对时间微分：

$$\frac{di}{dt} = \frac{di_1}{dt} + \frac{di_2}{dt} \tag{3.23}$$

根据电感的 VCR 表达式 $u = L\dfrac{\mathrm{d}i}{\mathrm{d}t}$，有 $\dfrac{\mathrm{d}i}{\mathrm{d}t} = \dfrac{u}{L}$，式 (3.23) 变为

$$\frac{\mathrm{d}i}{\mathrm{d}t} = \frac{u}{L_1} + \frac{u}{L_2} = \left(\frac{1}{L_1} + \frac{1}{L_2}\right)u \tag{3.24}$$

则电感并联的等效电感表达式为

$$\frac{1}{L_{eq}} = \frac{1}{L_1} + \frac{1}{L_2} \tag{3.25}$$

3.2.2 电容的串联和并联

如图 3-15(a) 所示，两个电容串联的电压为

$$u = u_1 + u_2 \tag{3.26}$$

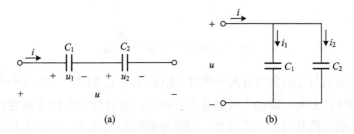

图 3-15 两个电容串联与并联

两边对时间微分：

$$\frac{\mathrm{d}u}{\mathrm{d}t} = \frac{\mathrm{d}u_1}{\mathrm{d}t} + \frac{\mathrm{d}u_2}{\mathrm{d}t} \tag{3.27}$$

根据电容的 VCR 表达式 $i = C\dfrac{\mathrm{d}u}{\mathrm{d}t}$，有 $\dfrac{\mathrm{d}u}{\mathrm{d}t} = \dfrac{i}{C}$，式 (3.27) 变为

$$\frac{\mathrm{d}u}{\mathrm{d}t} = \frac{i}{C_1} + \frac{i}{C_2} = \left(\frac{1}{C_1} + \frac{1}{C_2}\right)i \tag{3.28}$$

则电容串联的等效电容表达式为

$$\frac{1}{C_{eq}} = \frac{1}{C_1} + \frac{1}{C_2} \tag{3.29}$$

如图 3-15(b) 所示，两个电容并联的电流为

$$i = i_1 + i_2 = C_1\frac{\mathrm{d}u}{\mathrm{d}t} + C_2\frac{\mathrm{d}u}{\mathrm{d}t} = (C_1 + C_2)\frac{\mathrm{d}u}{\mathrm{d}t} \tag{3.30}$$

则电容并联的等效电容为

$$C_{eq} = C_1 + C_2 \tag{3.31}$$

3.3　电源的等效变换

3.3.1　电压源、电流源的串联和并联

n 个电压源的串联可以等效为一个电压源，等效电压源的电压等于各串联电压源电压的代数和，即

$$u_S = u_{S1} + u_{S2} + \cdots + u_{Sn} = \sum_{k=1}^{n} u_{Sk} \tag{3.32}$$

当 u_{Sk} 的参考方向与 u_S 的参考方向一致时，式(3.32)中 u_{Sk} 取 "+" 号，不一致时取 "–" 号。

只有电压相等且极性一致的电压源才允许并联，其目的为增加电源的容量。

n 个电流源的并联可以等效为一个电流源，等效电流源的电流等于各并联电流源电流的代数和，即

$$i_S = i_{S1} + i_{S2} + \cdots + i_{Sn} = \sum_{k=1}^{n} i_{Sk} \tag{3.33}$$

当 i_{Sk} 的参考方向与 i_S 的参考方向一致时，式(3.33)中 i_{Sk} 取 "+" 号，不一致时取 "–" 号。

只有电流相等且方向一致的电流源才允许串联，其目的为增加电源的容量。

注意：由于电压源是有方向的元件，因此串联时总电压不一定越来越大；由于电流源是有方向的元件，因此并联时总电流不一定越来越大。

一个电压源并联电流源或电阻时，由于并联元件的电压为同一电压，其等效电路为该电压源，图 3-16 为电压源和电阻的并联电路及其等效电路。同理，一个电流源串联电压源或电阻时，由于串联元件流过同一电流，其等效电路为该电流源，图 3-17 为电流源和电阻的串联电路及其等效电路。

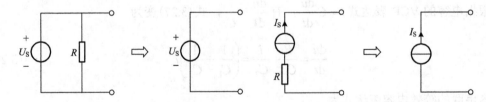

图 3-16　电压源和电阻的并联　　　　图 3-17　电流源和电阻的串联

注意：这两种情况下的等效电路极其简单，不要和接下来讨论的两种电源模型的等效变换混淆。

3.3.2　实际电源的两种模型及其等效变换

实际电源由于存在功率消耗，可以用一个电阻来描述其内部的功率消耗，这个电阻称为电源的内阻。由于电源有电压源和电流源两种模型，因此根据电源的特点不同，其内阻连接方式也不同。

实际电压源模型用电压源和电阻的串联组合表示,如图 3-18(a)所示,若是并联结构,则内阻的功耗恒定,输出电压也恒定,与实际不符。由于是电源,使其端口电压和端口电流为非关联参考方向,则电压与电流的关系为

$$u = u_S - Ri$$

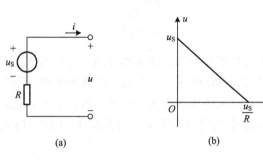

图 3-18 实际电压源的电路模型和伏安特性

由于内阻的存在,随着端口电流的增加,端电压逐渐下降,其伏安特性为如图 3-18(b)所示的一条直线。直线与横轴的交点对应的电流为短路电流,因为该交点的电压为 0,端口被短路,电压源对外不发出功率,但产生功率且由内阻全部消耗,如果功耗过大,会烧毁电源;直线与纵轴的交点对应的电压为开路电压,此时电流为 0,内阻上的电压为 0,端口电压最大,电压源不产生功率。

实际电压源的内阻越小越好,当内阻为 0 时,称为理想电压源。

实际电流源模型用电流源和电阻(或电导)的并联组合表示,如图 3-19(a)所示。使其端口电压和端口电流为非关联参考方向,则电压与电流的关系为

$$i = i_S - Gu$$

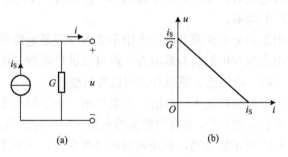

图 3-19 实际电流源的电路模型和伏安特性

实际电流源的伏安特性如图 3-19(b)所示。电流源内阻越大,内阻分流越小,向外提供的电流就越大,理想电流源的内阻趋于无穷大。

实际电流源模型短路时,端口电压为 0,端口电流最大,电流源不产生功率。实际电流源开路时,端口电流为 0,对外不发出功率,电流源的电流全部流过内阻,电流源产生功率且由内阻全部消耗。

如果实际电压源的伏安特性曲线和实际电流源的伏安特性曲线重合,说明两个电源模

型是等效的，即当端口接相同的负载时，负载的电压和电流保持不变。由于伏安特性曲线为直线，若两条直线重合，则直线与横轴和纵轴的交点重合，由此可得两种电源模型等效变换的条件为

$$R = \frac{1}{G}$$
$$u_S = i_S R \tag{3.34}$$

两种电源模型等效变换时涉及结构、参数和方向。电压源模型为串联结构，电流源模型为并联结构；参数通过式(3.34)得到；由于电压源和电流源是有向元件，变换后需确定另一个电源激励的方向，根据上述等效变换的推导，可以看出，电流源的方向是由电压源的负极指向正极。图 3-20(a)中的实际电压源与图 3-20(b)中的实际电流源若满足式(3.34)，则可实现等效变换。

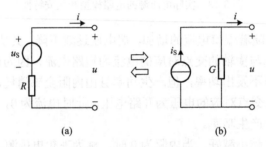

图 3-20　实际电压源和实际电流源的等效互换

需明确等效是对外电路而言，即对电源之外的电路是等效的，内部不等效。例如，端口开路或短路时，两种电源对外发出的功率都为 0，但总有一个电源产生功率且由内阻消耗，而另一个电源不产生功率。

与电压源串联的电阻和与电流源并联的电阻不要求一定是电源的内阻，只要是电压源与电阻的串联组合或电流源与电阻的并联组合，就可以进行等效变换。受控电压源与电阻的串联组合和受控电流源与电阻的并联组合也可以等效变换。

注意：两种电源模型的结构是不一样的，不要混淆。由于等效变换和内阻有关，理想电压源和理想电流源不能等效互换。含有受控源的电路在变换时要保留控制量所在的支路。

应用电源
等效变换
求解电路

【例 3-4】　如图 3-21 所示的电路，应用电源的等效变换，求电流 I。

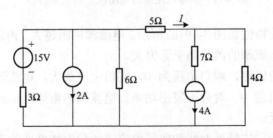

图 3-21　例 3-4 图

解　电路左半部分为并联结构，应将 15V 电压源和 3Ω 电阻串联组合变换为 5A 电流源和 3Ω 电阻并联，电流源方向向上；右面的 7Ω 电阻与 4A 电流源串联不改变该支路电流，故对外就等效为 4A 电流源，如图 3-22(a) 所示。

图 3-22(a) 电路中左半部分并联结构中，5A 和 2A 电流源并联等效为向上的 3A 电流源，3Ω 和 6Ω 电阻并联等效为 2Ω 电阻，如图 3-22(b) 所示。

图 3-22(b) 电路中左右两个电流源组合分别等效为电压源组合，如图 3-22(c) 所示。

图 3-22(c) 电路为单回路，根据 KVL，有

$$(2+5+4)I-16-6=0$$

得

$$I=\frac{16+6}{2+5+4}=2(\text{A})$$

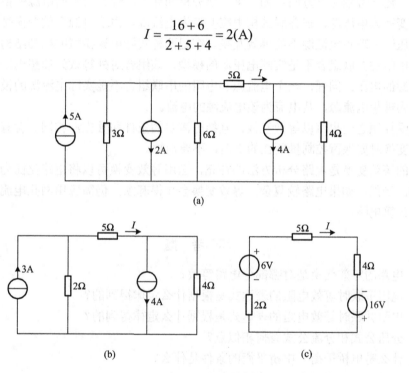

图 3-22　例 3-4 题解图

本 章 小 结

对于一般的电路，可采用等效变换的方法对电路进行化简，以便于分析和计算。等效变换是对外等效，变换前后电路中未被等效部分的电压电流应保持不变，但变换部分是不等效的。由于等效变换，电路中的一些电压和电流消失了，需要回到原电路中计算。电阻、电感和电容串联或并联可等效为一个相应的无源元件，等效元件的参数可通过原电路中的元件参数得到。分压公式和分流公式分别对应电阻的串联和并联，串联电阻分压大小与其阻值成正比，并联电阻分流多少与其阻值成反比。计算由电阻构成的电桥电路时将用到电阻的星-三角等效变换公式，由于涉及三个电阻，公式虽较多但有规律，若电桥平衡则电路

成为简单的串并联结构。

输入电阻是无源一端口的一个特征参数，对于一端口，端口电压和端口电流选为关联参考方向，输入电阻为端口电压与端口电流的比值。对于不含受控源的一端口，通过电阻的串并联或星-三角变换得到的等效电阻即为输入电阻；对于含有受控源的无源一端口，需要应用电压电流法来计算输入电阻，通常采用加压求流法，即在端口加电压源，求出产生的端口电流后即可得到输入电阻。

电压源和电流源是有向元件，电压源串联后电压不一定越来越大；电流源并联后电流不一定越来越大。含有内阻的电压源和电流源在满足条件下可以等效变换，变换时除了结构和参数，还要特别注意方向；为了进一步分析和计算，含有内阻的电源变换时，在串联结构中应变换为电压源，在并联结构中应变换为电流源。由于电源等效变换时涉及内阻，故理想电压源和理想电流源不能等效互换。牢记两种实际电源模型的标准结构形式。一个电压源和电阻的并联组合不是实际电压源的模型，该组合对外等效为理想电压源，其电压为该电压源的电压；同理，一个电流源和电阻的串联组合不是实际电流源的模型，该组合对外等效为理想电流源，其电流为该电流源的电流。

两类受控源之间也可以等效互换，互换时满足的条件和独立源相同。含有受控源的电路在等效变换时要保留控制量所在的支路，不要消掉。

电路的等效变换是电路分析方法的补充，运用等效变换可以将电路化简为便于计算的简单电路。当然，如果电路较复杂，等效变换会显得麻烦，仍需应用网孔电流法或节点电压法分析计算电路。

思 考 题

3-1　电路的等效变换是对哪部分电路等效？

3-2　电阻串联时等效电阻的表达式是根据什么定律得到的？

3-3　电阻并联时等效电阻的表达式是根据什么定律得到的？

3-4　分压公式和分流公式有何相似点？

3-5　什么是电桥平衡？电桥平衡的条件是什么？

3-6　哪种电路应采用电压电流法计算输入电阻？

3-7　两个电容串联或并联的等效电容如何计算？

3-8　电压源可以并联吗？如果可以并联，需满足何条件？并联目的是什么？

3-9　电压源和电流源串联的等效电路是什么？

3-10　电压源和电阻并联的等效电路是什么？

3-11　实际电压源的模型一定可以等效成电流源模型吗？

习 题

3-1　计算题 3-1 图所示电路中的电流 I。

3-2　电路如题 3-2 图所示，$u_S = 10\cos314t\text{V}$，计算电压 u。

3-3　电路如题 3-3 图所示，利用 Y-$\triangle$ 等效变换计算等效电阻 R_{ab}。

　　(1)把 3 个 1Ω电阻构成的 Y 形等效成$\triangle$形；

(2)把 3 个 3Ω 电阻构成的△形等效成 Y 形。

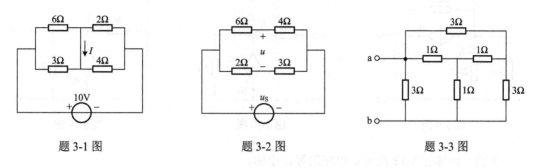

题 3-1 图　　　　　　　　　题 3-2 图　　　　　　　　　题 3-3 图

3-4　电路如题 3-4 图所示，当电流 I 为 0 时，各电阻应满足什么关系？

3-5　电路如题 3-5 图所示，并联电路的等效电阻 $R_{eq}=6$ kΩ，$R_2=18$ kΩ，计算电阻 R_1。

3-6　电路如题 3-6 图所示，并联电路的等效电阻 $R_{eq}=4$ Ω，计算：电阻 R_1、电流 I_2、电压源的电压 U_S 及电阻 R_1 的功率。

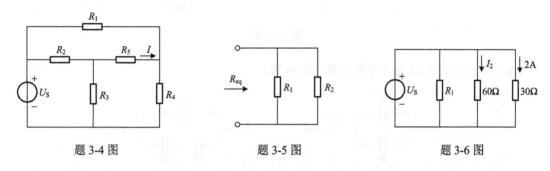

题 3-4 图　　　　　　　　　题 3-5 图　　　　　　　　　题 3-6 图

3-7　电路如题 3-7 图所示，计算相应无源一端口的等效电阻。

3-8　电路如题 3-8 图所示，计算从电容两端看进去的相应无源一端口的等效电阻。

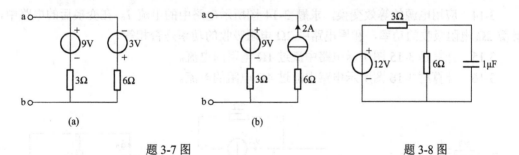

(a)　　　　　　　　　(b)

题 3-7 图　　　　　　　　　　　题 3-8 图

3-9　计算题 3-9 图所示一端口的等效电阻。

3-10　计算题 3-10 图所示一端口的输入电阻。

3-11　计算题 3-11 图所示一端口的等效电阻。

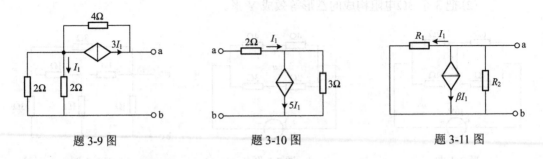

<table>
<tr><td>题 3-9 图</td><td>题 3-10 图</td><td>题 3-11 图</td></tr>
</table>

3-12 计算题 3-12 图所示电路的等效电感。

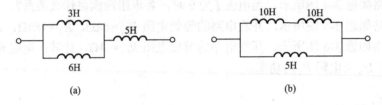

(a)　　　　　　　　　　　　　　(b)

题 3-12 图

3-13 计算题 3-13 图所示电路的等效电容。

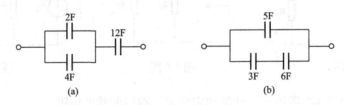

(a)　　　　　　　　　　　　　　(b)

题 3-13 图

3-14 应用电源的等效变换，求题 3-14 图所示电路中的电流 I。在变换后的电路中，计算 2Ω 电阻吸收的功率，和原电路中 2Ω 电阻吸收的功率是否相等？

3-15 计算题 3-15 图所示电路中流过 1Ω 电阻的电流。

3-16 计算题 3-16 图所示电路中流过 4Ω 电阻的电流。

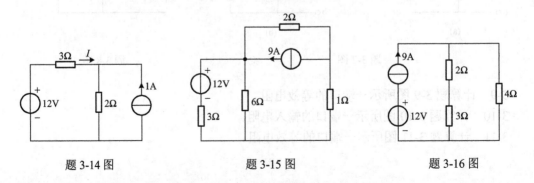

<table>
<tr><td>题 3-14 图</td><td>题 3-15 图</td><td>题 3-16 图</td></tr>
</table>

3-17 计算题 3-17 图所示电路中流过 4Ω 电阻的电流。

3-18　计算题 3-18 图所示电路中流过 10Ω 电阻的电流。

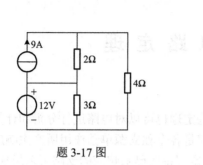 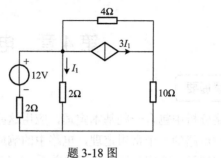

题 3-17 图　　　　　　　　　　　题 3-18 图

第4章 电路定理

本章提要

电路分析中包含一些基本定理，应用这些定理也可以对电路进行分析和计算。叠加定理是线性电路的一个常用定理，电路中的响应是各个独立源单独作用所产生响应的叠加。齐性定理揭示了响应和激励之间的关系。替代定理说明已知响应的支路可以用独立源替代。戴维南定理指出一个有源一端口可以用含有内阻的电压源模型表示，若用含有内阻的电流源表示，则是诺顿定理描述的内容。满足一定条件的负载可得到最大功率。本章主要介绍叠加定理和戴维南定理，并讨论最大功率传输。

4.1 叠加定理与齐性定理

4.1.1 叠加定理

图 4-1 所示电路只有两个节点，可以先应用节点电压法列出两点间电压的表达式，然

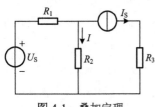

图 4-1 叠加定理

后再除以电阻 R_2，即可得到电流 I。因为 R_3 是和电流源串联的电阻，该阻值不计入节点电压表达式，由此得到电流 I 的表达式为

$$I = \frac{\left(\dfrac{U_S}{R_1} - I_S\right)\Big/\left(\dfrac{1}{R_1} + \dfrac{1}{R_2}\right)}{R_2} = \frac{1}{R_1 + R_2}U_S - \frac{R_1}{R_1 + R_2}I_S \quad (4.1)$$

当电压源单独作用时，电流源不作用，不作用的电流源相当于开路，得到分电路 1，如图 4-2(a) 所示，R_1 和 R_2 串联，可得

$$I_1 = \frac{1}{R_1 + R_2}U_S \quad (4.2)$$

当电流源单独作用时，电压源不作用，不作用的电压源相当于短路，得到分电路 2，如图 4-2(b) 所示，应用分流公式可得

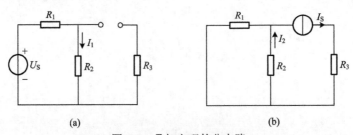

(a)   (b)

图 4-2 叠加定理的分电路

$$I_2 = \frac{R_1}{R_1 + R_2} I_{\rm S} \tag{4.3}$$

由于分电路 2 的电流 I_2 和电流 I 方向相反，可得

$$I = I_1 - I_2 = \frac{1}{R_1 + R_2} U_{\rm S} - \frac{R_1}{R_1 + R_2} I_{\rm S} \tag{4.4}$$

式(4.4)说明，图 4-1 所示电路中的电流等于图 4-2(a)、(b)所示两个分电路中电流的代数和，即电路中的电流 I 是由电压源单独作用和电流源单独作用所产生电流的叠加。

此结论可以推广到任意线性电路，叠加定理指出：在线性电路中，电路中的支路电压(或电流)都是各个独立源单独作用时在相应支路产生的电压(或电流)的叠加。

式(4.4)可写为

$$I = k_1 U_{\rm S} + k_2 I_{\rm S} \tag{4.5}$$

式(4.5)中有

$$k_1 = \frac{1}{R_1 + R_2}$$

$$k_2 = -\frac{R_1}{R_1 + R_2}$$

当电路的结构和电阻值确定时，k_1 和 k_2 为常数，说明单个激励作用所产生的响应分量和激励成正比，比例系数由电路的结构和参数决定。式(4.5)也表明本电路为线性电路。

关于叠加定理的几点说明如下。

(1)叠加定理只适用于由线性无源元件和线性受控源组成的线性电路，不适用于非线性电路，而且只满足于电压和电流。

(2)在独立源单独作用的各分电路中，不作用的电源置零：不作用的电压源置零，用短路代替；不作用的电流源置零，用开路代替。

(3)电路中其他元件保留在电路中，不予变动。

(4)叠加时，若电压或电流响应分量的参考方向和原电路中对应响应的方向相同，则取正号，否则取负号。

注意：受控源不能单独作用，应始终保留在电路中。如果没有激励，控制量将为 0，被控制量也为 0，电路中各处的电压和电流都为 0。

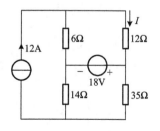

图 4-3 例 4-1 图

【**例 4-1**】 电路如图 4-3 所示，计算流过 12Ω 电阻的电流 I。

解 12A 电流源单独作用时的分电路如图 4-4(a)所示，电压源不作用，相当于短路。根据分流公式，可得

$$I_1 = \frac{6}{6+12} \times 12 = 4({\rm A})$$

18V 电压源单独作用的分电路如图 4-4(b)所示，电流源置零，相当于开路。6Ω 和 12Ω 的两个电阻串联，可得

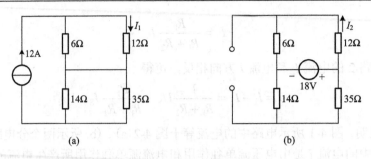

图 4-4　例 4-1 题解图

$$I_2 = \frac{18}{6+12} = 1(\text{A})$$

则原电路的电流 I 为

$$I = I_1 - I_2 = 4 - 1 = 3(\text{A})$$

电路仿真——叠加定理

　　本电路可通过 Multisim 软件进行仿真。Multisim 是一款适用于电子电路设计的仿真工具，它包含了电路原理图的图形输入方式，具有丰富的仿真分析功能。通过调用元件库中的元件，可以很方便地绘制电路图，在双击元件后弹出的菜单中，可以修改元件的参数；进行测量需要添加相应的测量仪表。本仿真中应用了软件的默认设置，电阻和电流源的符号略有不同，但不影响电路的阅读，电流表和 12Ω 电阻串联在一起，用来测量该支路的电流。如果没有接地，单击"运行"按钮，电路会提示添加"地"，即需要指定电路的参考点。仿真电路如图 4-5 所示。运行仿真后，电流表面板显示测量的电流值。

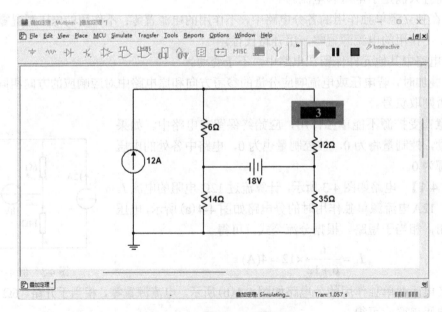

图 4-5　电路仿真——叠加定理

从电流表的显示面板可以看到，本电路中流过 12Ω 电阻的电流为 3A。

不作用的电源不需要用短路或开路代替，只需要将其参数置零即可。电流源和电压源单独作用时的仿真电路如图 4-6 所示。在 12A 电流源单独作用的电路中，如图 4-6(a) 所示，电流表的读数为 4A；在 18V 电压源单独作用的电路中，如图 4-6(b) 所示，电流表的读数为–1A。两个分电流叠加为 3A。仿真结果验证了叠加定理的正确性。

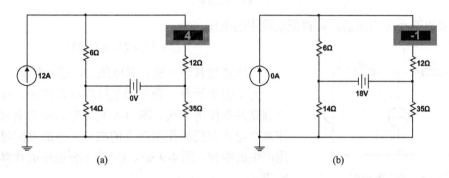

图 4-6　电路仿真——叠加定理分电路

借助仿真软件可以验证电路定律和定理，观察动态电路中响应的变化曲线，还可以对交流电路进行相关分析，绘制周期电压或电流的频谱。电路仿真软件是学习电路分析的有力辅助工具。

【例 4-2】　图 4-7(a) 所示电路中含有受控源，应用叠加定理计算电压 U。

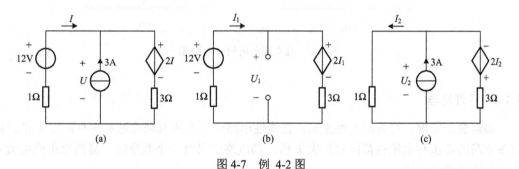

图 4-7　例 4-2 图

解　本电路可看作电压源和电流源分别单独作用的两个电路的叠加。

电压源单独作用，电流源置零，受控源保留，如图 4-7(b) 所示，根据 KVL，可得

$$2I_1 + (3+1)I_1 = 12$$

解得

$$I_1 = 2\text{A}$$

则

$$U_1 = 2I_1 + 3I_1 = 10\text{V}$$

电流源单独作用时的分电路如图 4-7(c) 所示，由于受控源的大小和方向都受控，控制量的分量 I_2 改变了方向，受控源电压分量的方向也需要改变，根据节点电压公式，可得

$$U_2 = \frac{3 - \dfrac{2I_2}{3}}{\dfrac{1}{1} + \dfrac{1}{3}}$$

由于 $U_2 = 1 \times I_2$，解得

$$U_2 = 1.5\text{V}$$

计算出两个分电压后，可得原电路中的电压：

$$U = U_1 + U_2 = 11.5\text{V}$$

可以通过其他方法计算电压 U，进行验算。

为了便于计算，独立源也可以组合作用。保证每一个独立源都作用一次。图 4-8 所示电路中的响应可以看作两个电压源同时作用产生的响应，叠加电流源单独作用产生的响应。图 4-9(a)、(b) 所示分电路的计算请自行完成。

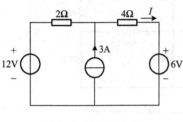

图 4-8　独立源分组

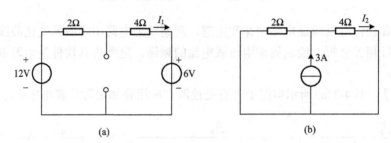

(a)　　　　　　　　　　　　　　(b)

图 4-9　独立源分组的分电路图

4.1.2　齐性定理

根据叠加定理，可得出齐性定理：在线性电路中，若所有独立源都同时扩大 k 倍，则每条支路的电压和电流也都同时扩大 k 倍。当电路中只有一个激励时，显然电压或电流响应必与该激励成正比。

当计算梯形电路中每条支路的电流时，如果按照通常的方法，通过串并联的关系算出总电阻，再算出总电流，然后一步一步分流，计算会麻烦耗时。此时应用齐性定理，会大大提高计算效率。

图 4-10 所示电路的形状像一个放倒的梯子，故称为梯形电路。首先假设流过最后一条支路的电流为单位电流，添加下标 1 表示该假设电流，即 $i_{51} = 1\text{A}$。

第 5 条支路的电压将为 $(2+1) \times i_{51} = 3\text{V}$，此电压即为第 4 条支路的电压，则 $i_{41} = 3\text{A}$。根据 KCL，可得

$$i_{31} = 4\text{A}$$

逐步向前计算，可得

$$i_{21} = 11\text{A}, \quad i_{11} = 15\text{A}$$

则总电压将为

$$u_{S1} = 41V$$

而实际的电压源电压为 $u_S = 82V$，相当于把假设的激励增大为原来的 $\dfrac{u_S}{u_{S1}} = \dfrac{82}{41} = 2$（倍），

这样各支路电流实际应为所假设电流的 2 倍，$i_k = 2i_{k1}$。本电路的计算从远离电源的一端开始，称为倒退法。

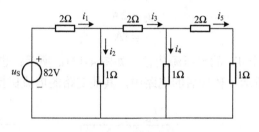

图 4-10 梯形电路

叠加定理描述的物理概念非常清晰，也回答了电路初学者的疑问：电路中每个电源产生的电流是如何分配的。在各独立源单独作用的分电路中，由于单电源的作用，电路的分析和计算相对来说比较容易，但是当激励的数量较多时，叠加的次数增加，会显得麻烦，可应用其他分析方法。叠加定理更多地应用在一些证明上，或者应用在电路中的激励是不同类型的情况。

4.2 替 代 定 理

替代定理指出：如果电路中第 k 条支路的电压 u_k 或电流 i_k 已知，如图 4-11（a）所示，那么该支路可以用一个电压源或电流源来代替，未替换部分的电压和电流保持不变。电压源的电压方向和支路电压 u_k 相同，大小等于 u_k，如图 4-11（b）所示；电流源的电流方向和支路电流 i_k 方向相同，大小等于 i_k，如图 4-11（c）所示。

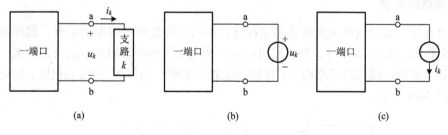

图 4-11 替代定理

支路 k 也可以是任意复杂的一端口电路，替代定理对电路是否为线性没有要求。通常应用该定理进行一些证明。

下面通过一个电路来说明替代定理。

如图 4-12 所示的电路只有两个节点，可以直接写出两点间电压的表达式：

$$u_3 = \frac{\dfrac{10}{2} - \dfrac{4}{8}}{\dfrac{1}{2} + \dfrac{1}{2} + \dfrac{1}{8}} = 4(\text{V})$$

进一步可得各支路电流：

$$i_1 = 3\text{A}$$
$$i_2 = 2\text{A}$$
$$i_3 = 1\text{A}$$

右边支路可以用一个 4V 的电压源代替，如图 4-13(a) 所示；也可以用一个 1A 的电流源代替，如图 4-13(b) 所示。替代后的电路中，其他支路的电流保持不变(请自行计算)。

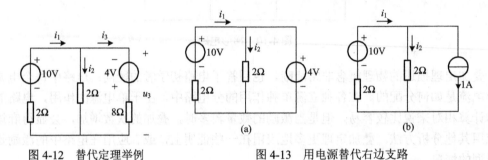

图 4-12 替代定理举例   图 4-13 用电源替代右边支路

4.3 戴维南定理与诺顿定理

任何一个有源的线性一端口，无论其多复杂，对外部特性而言，相当于一个电源。电源的模型可以用一个电压源和一个电阻的串联组合代替，或者用一个电流源和一个电阻的并联组合代替。

4.3.1 戴维南定理

如果有源一端口用电压源的模型来描述，那么该等效称为戴维南定理。戴维南定理指出：一个有源一端口 N_S，对于外电路可以用一个电压源和电阻的串联组合来等效；电压源的电压等于有源一端口的开路电压，电阻等于相应无源一端口 N_0 的等效电阻。定理的内容可通过图 4-14 表示。

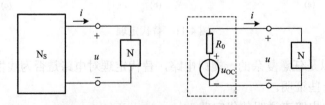

图 4-14 戴维南定理的描述

戴维南定理可以根据替代定理和叠加定理证明。对于支路 N,若电流 i 已知,则支路 N 可用一个电流等于 i 的电流源来替代,如图 4-15(a)所示。替代前后,支路 N 的电压应保持不变。

根据叠加定理,电压 u 是有源一端口内部的全部独立源同时作用时产生的电压分量 u' 和电流源单独作用时产生的电压分量 u'' 的叠加。当电流源不作用时,用开路代替,如图 4-15(b)所示,端口电流为 0,端口电压为开路电压 $u'=u_{OC}$;当电流源单独作用时,端口电流为 i,如图 4-15(c)所示,有源一端口内部的独立源都置零,一端口变为无源一端口 N_0,该无源一端口等效为一个电阻 R_0。对于 N_0,电压 u'' 和电流 i 的参考方向为非关联,$u''=-R_0 i$。于是有: $u=u'+u''=u_{OC}-R_0 i$。此电压表达式为两项电压的代数和,等效电路即为一个电压源和一个电阻的串联,u_{OC} 和 R_0 分别为等效电路中元件的参数。

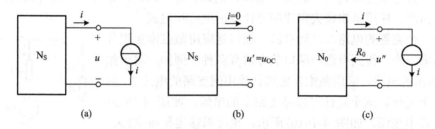

图 4-15　戴维南定理证明

戴维南等效电阻 R_0 等于相应无源一端口 N_0 的等效电阻。在电阻电路中,若 N_0 不含受控源,则可以通过电阻的串并联、Y-△等效变换等方法,计算出电路的等效电阻;若含有受控源,则应用电压电流法来计算等效电阻。

【例 4-3】　求如图 4-16 所示电路的戴维南等效电路。

解　图 4-16(a)所示电路右侧端口开路,7Ω 电阻的电流为 0,6Ω 和 3Ω 两个电阻相当于串联,得开路电压为

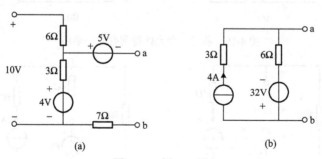

图 4-16　例 4-3 图

$$U_{OC}=-5+\frac{3}{6+3}\times(10-4)+4+0\times 7=1(\text{V})$$

电路中的电源置零,6Ω 和 3Ω 两个电阻相当于并联,得到无源一端口的等效电阻为

$$R_0=6/\!/3+7=9(\Omega)$$

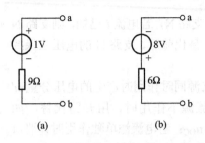

(a)　　　　　　(b)

图 4-17　例 4-3 的戴维南等效电路

该一端口的戴维南等效电路如图 4-17(a)所示。

图 4-16(b)右侧端口开路，4A 电流源的电流全部流过右边的支路，得开路电压为

$$U_{OC} = 4 \times 6 - 32 = -8(V)$$

电路中的电源置零，电压源相当于短路，电流源相当于开路，得到无源一端口的等效电阻为

$$R_0 = 6\Omega$$

该一端口的戴维南等效电路如图 4-17(b)所示。

戴维南定理适合分析某一个元件或者某一条支路的电压或电流，因为对于所讨论的元件或支路，其他部分即为一个有源一端口，把该有源一端口用戴维南电路等效后，电路变为一个单回路，应用基尔霍夫定律即可计算出电压和电流。

对于一个完整的电路，得到有源一端口是应用戴维南定理分析电路的第一步。得到有源一端口的方法有多种，例如，对于如图 4-18 所示的电路，应用戴维南定理计算中间支路的电流 I，可以移走一个元件，这个元件可以是支路上的电阻，如图 4-19(a)所示，或者电压源，如图 4-19(b)所示；也可以移走整条支路，如图 4-20(a)所示；当然也可以移走一段导线；或者什么都不移走，只是把所求的支路断开即可，如图 4-20(b)所示。

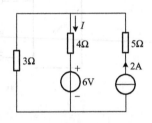

图 4-18　得到有源一端口

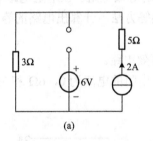

(a)

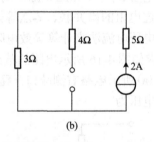

(b)

图 4-19　移走一个元件得到有源一端口

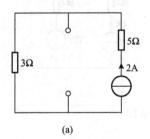

(a)

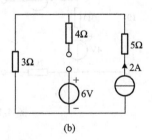

(b)

图 4-20　移走整条支路或直接断开支路得到有源一端口

【例 4-4】 电路如图 4-21 所示,计算 15Ω 电阻中的电流。

解 应用戴维南定理适合处理这类电桥电路,把 15Ω 电阻移走,形成一个有源一端口,如图 4-22(a)所示,由于端口处的电流为 0,计算起来很方便。

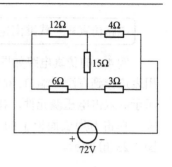

图 4-21 例 4-4 图

计算开路电压 U_{ab} 可以选择左面或右面两个电阻构成的路径。如果选择左面的路径,首先假设路径上两个电阻电压的参考方向,因为单电源供电,电压方向易判断,假设的参考方向为实际方向。6Ω 和 3Ω 两个电阻是串联的关系;12Ω 和 4Ω 两个电阻也是串联的关系。根据分压公式得

$$U_1 = \frac{12}{12+4} \times 72 = 54(\text{V})$$

$$U_2 = \frac{6}{6+3} \times 72 = 48(\text{V})$$

$$U_{ab} = -U_1 + U_2 = -6(\text{V})$$

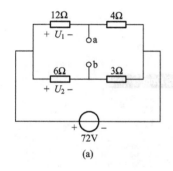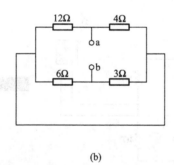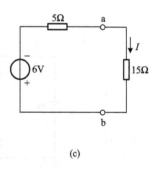

图 4-22 例 4-4 题解图

计算等效电阻 R_0 时需把电压源置零,得到相应的无源一端口,如图 4-22(b)所示。从端口 ab 看进去,12Ω 和 4Ω 两个电阻是并联的关系,6Ω 和 3Ω 两个电阻也是并联的关系;两个并联部分串联。等效电阻为

$$R_0 = 12 /\!/ 4 + 6 /\!/ 3 = \frac{12 \times 4}{12+4} + \frac{6 \times 3}{6+3} = 5(\Omega)$$

原电路的等效电路如图 4-22(c)所示。

假设流过 15Ω 的电流为 I,则

$$I = \frac{-6}{5+15} = -0.3(\text{A})$$

有源一端口的戴维南等效电路中的两个参数,分别是端口处的电压和输入电阻,计算这两个参数,是前面章节内容的综合应用。

注意:在具体电路的分析中,电压 U_{OC} 不是所求支路或元件两端的实际电压,而是开路电压。

应用戴维
南定理求
解电路

电路仿真——戴维南定理

　　例 4-4 的仿真电路如图 4-23 所示，因为要测量电压和电阻，测量仪表选择万用表。万用表连接到有源一端口，双击万用表打开显示面板，运行仿真可得到开路电压，如图 4-23（a）所示。双击电压源元件，在弹出的属性窗口中，把电压源的参数值改为 0，即把电压源置零，单击万用表面板上的"Ω"按钮选择测量电阻功能，运行仿真可得到等效电阻，如图 4-23（b）所示。

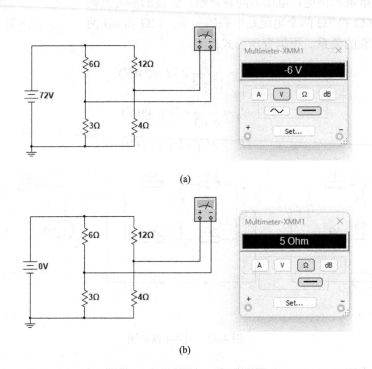

图 4-23　电路仿真——戴维南定理

最大功率传输

　　在电力系统中，通常要考虑电能的传输效率，由于用电设备数量多、功率大，如果传输效率低下，那么大量的功率会消耗在发电机绕组和传输线上，很不经济。在远距离传输电能时，采用高压输电是提高传输效率的有效方法，也可以减少传输线路中金属材料的使用。在电子系统如通信系统和测量系统中，更关注的是负载如何从给定的信号源得到尽可能大的功率。

　　负载得到最大功率的问题，可以通过戴维南定理来分析。对于如图 4-24（a）所示的电路中，负载 R_L 之外的电路可以看作一个有源一端口，该一端口可以用戴维南等效电路来代替，如图 4-24（b）所示。

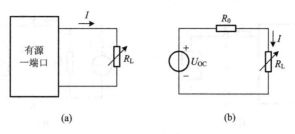

图 4-24 最大功率传输

负载 R_L 所获得的功率为

$$P = I^2 R_L = \left(\frac{U_{OC}}{R_0 + R_L} \right)^2 R_L$$

如果给定有源一端口，负载可变，将 R_L 看作变量，P 将随 R_L 而变，最大功率发生在 $\frac{\mathrm{d}P}{\mathrm{d}R_L} = 0$ 的条件下，即

$$\frac{\mathrm{d}P}{\mathrm{d}R_L} = U_{OC}^2 \left[\frac{(R_0 + R_L)^2 - R_L \times 2(R_0 + R_L)}{(R_0 + R_L)^4} \right] = 0$$

求解上式得

$$R_L = R_0 \tag{4.6}$$

R_L 所获得的最大功率为

$$P_{max} = \frac{U_{OC}^2 R_0}{(2R_0)^2} = \frac{U_{OC}^2}{4R_0} \tag{4.7}$$

可见，当负载电阻 $R_L = R_0$ 时，负载可以获得最大功率，此种情况称为负载 R_L 与有源一端口的输入电阻匹配。

负载的功率和电源发出的功率之比称为传输效率。当负载和等效电源的内阻相等时，实现了阻抗匹配，负载可以得到最大功率。对于等效电路，此时的传输效率只有 50%，而实际的传输效率要返回到原来的电路中计算。

最大功率传输是戴维南定理的典型应用。上述讨论是基于负载可变的情况，如果负载固定，且外电路确定，通常不会满足阻抗匹配的条件，负载将不能获得最大功率。

4.3.2 诺顿定理

诺顿定理指出：一个有源一端口 N_S 可以用一个电流源和电阻的并联组合等效代替，如图 4-25(a)、(b) 所示。电流源的电流等于端口的短路电流 i_{SC}，电阻等于相应无源一端口的等效电阻 R_0，分别如图 4-25(c)、(d) 所示。

短路电流的参考方向在短路线上由端子 a 流向端子 b，一端口短路时，与电流源并联的电阻 R_0 不分流，电流源的电流全部流向 a。从外部看，短路电流由 a 流向 b，而在等效电路内部，电流源的电流由 b 流向 a。

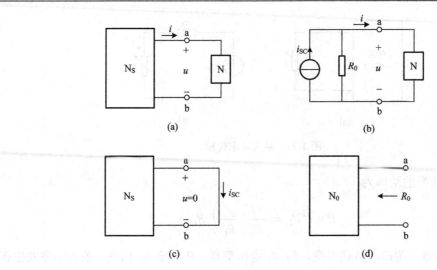

图 4-25　诺顿定理的描述

诺顿定理也可以通过替代定理和叠加定理证明。当然，因为戴维南定理成立，通过电压源和电流源的等效变换，把戴维南电路等效变换为电流源模型，即为诺顿等效电路。

把有源一端口短路，如图 4-26(a) 所示，从戴维南等效电路(图 4-26(b))可以看出，短路电流为

$$i_{SC} = \frac{u_{OC}}{R_0} \tag{4.8}$$

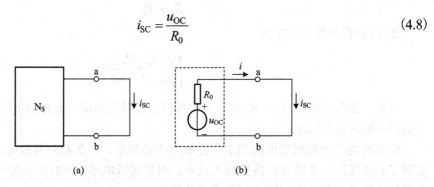

图 4-26　等效电阻的另一种求法

由式(4.8)可以得出等效电阻的另一种求法，等效电阻为

$$R_0 = \frac{u_{OC}}{i_{SC}} \tag{4.9}$$

戴维南等效电路和诺顿等效电路不一定同时存在。例如，当戴维南等效电阻为 0 时，戴维南电路为理想电压源，是不能等效为电流源的，该有源一端口就不存在诺顿等效电路。

【例 4-5】　电路如图 4-27(a) 所示，应用诺顿定理计算电流 i。

解　移走所求支路，得到有源一端口，如图 4-27(b) 所示。

把该一端口短路，如图 4-27(c) 所示，可得短路电流为

$$i_{SC} = \frac{16}{2} - 2 = 6(A)$$

电压源置零后，3Ω 的电阻被短路，电流源置零后，5Ω 的电阻所在支路开路，从一端口看进去的电阻只有一个 2Ω 的电阻，即

$$R_0 = 2\Omega$$

原电路的等效电路如图 4-27(d)所示，根据分流公式可得

$$i = \frac{2}{2+4} \times 6 = 2(A)$$

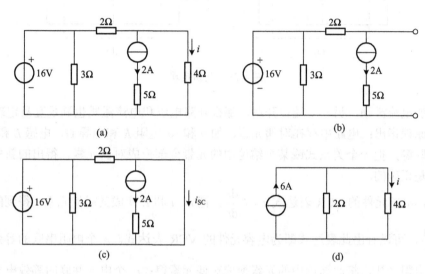

图 4-27 例 4-5 图

4.4 其他电路定理简介

除了前面介绍的电路定理，电路分析中还有其他定理，如特勒根定理、互易定理和对偶原理。

特勒根定理指出：若一个电路中的支路电压和支路电流按照关联参考方向选取，则所有支路电压和支路电流乘积的代数和等于 0，即 $\Sigma ui = 0$。

即使是两个结构相同的电路，如果每个电路中的支路电压和电流按照关联参考方向选取，那么一个电路的支路电压和另一个电路中对应支路电流乘积的代数和也等于 0。特勒根定理是功率守恒的体现。

互易定理指出：在只含有线性电阻的电路中，如果只有一个激励，那么在将独立源置零后电路结构不变的情况下，激励和响应互换位置后，响应与激励的比值保持不变。互易定理讨论的电路可以看作一个二端口，如图 4-28 所示。一个端口加激励，另一个端口产生响应。当激励加在端口 1 时，如果端口 2 开路，那么响应为电压；端口 2 短路，响应为电流。

图 4-28 二端口

图 4-29(a)所示电路为一个 T 形电路，根据电阻的串并联，可以算出电流 $I_1 = 1A$。根

据互易定理，若把电压源接到电路的右侧端口，电压为原来的 2 倍，如图 4-29(b) 所示，则左侧端口的短路电路 I_2 应该等于 2A。请自行计算验证。

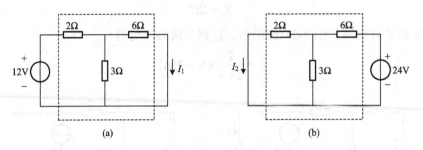

图 4-29　互易定理

如果加电流激励，另一个端口开路，那么开路电压和电流激励也满足互易定理。

对偶原理指出：电路中存在对偶元素，如 u 和 i、电阻 R 和电导 G、电感 L 和电容 C、串联和并联等，把一个关系式或某个结论中的元素全部换成对偶元素，得出的新关系式或新结论也是正确的。

例如，电感元件的 VCR 表达式 $u = L\dfrac{di}{dt}$，把 u、i 和 L 换成其对偶元素，得到的表达式为 $i = C\dfrac{du}{dt}$，可以看出此表达式即为电容元件的 VCR 表达式。n 个电阻串联的等效电阻为各个串联电阻之和，将此结论中的元素换成对偶元素得：n 个电导并联的等效电导为各个并联电导之和。

特勒根定理、互易定理和对偶原理的详细内容可参考其他资料。

本 章 小 结

由线性无源元件和线性受控源构成的线性电路是电路分析的主要对象，对于多个独立源作用下的线性电路，叠加定理指出：电路响应是由各个独立源单独作用所产生响应的叠加。每个独立源单独作用时，其他独立源置零，不作用的电压源相当于短路，不作用的电流源相当于开路。齐性定理指出：线性电路中响应和激励的比值为常数，所有的激励同时增大或减小相同的比例，响应也增大或减小相同的比例。应用叠加定理时，受控源不能单独作用，要始终保留在电路中。

如果电路中某条支路的电压或电流已知，那么该支路可以用一个电压为该支路电压的电压源或用一个电流为该支路电流的电流源来代替，替代后电路中其他部分的电压和电流保持不变，这就是替代定理的内容。借助替代定理可进行一些证明。

不同于电路的一般分析，只分析和计算某条支路或某个元件的电压或电流时，电路的其他部分可视为一个有源一端口，无论该有源一端口多复杂，对于外电路相当于一个含有内阻的电源。若用电压源模型等效于该有源一端口，则为戴维南定理；若用电流源模型等效于该有源一端口，则为诺顿定理。戴维南定理中电压源的电压等于有源一端口的开路电压；诺顿定理中电流源的电流等于该有源一端口的短路电流。相应无源一端口的等效电阻则为两个定理中的等效电阻。应用这两个定理分析电路时，常通过移走负载电阻形成一个有源一端口，戴维南等效电路和移走的负载电阻构成一个简单的单回路电路；诺顿等效电路和移走的负载电阻构成基本的并联电路。

最大功率传输是戴维南定理的一个典型应用，在外电路固定时，当负载电阻和外电路的戴维南等效电阻相等时，负载可得到最大功率。在直流电路中如果负载也固定，通常其不能得到最大功率，在交流电路中可以通过其他方法实现阻抗匹配。

应用电路定理除了可以进行电路的分析和计算，也可以进行一些证明，为分析电路提供了新的思路和方法。

思 考 题

4-1 叠加定理适用于哪类电路？除了电压和电流，功率也满足叠加定理吗？

4-2 不作用的电源是用短路代替吗？

4-3 受控源能不能单独作用？

4-4 如何把叠加定理用一个数学表达式来描述？

4-5 如果电路中某条支路的电压或电流已知，该支路可以如何等效？

4-6 应用戴维南定理分析含有受控源的电路时，戴维南等效电阻应如何计算？

4-7 戴维南定理和诺顿定理是否适合进行电路的一般分析？

4-8 如何应用戴维南定理分析电路？

4-9 一个电路如何实现最大功率传输？

习 题

4-1 如题 4-1 图所示电路中，应用叠加定理求电压 U。

4-2 电路如题 4-2 图所示，求：(1)应用叠加定理计算电流 I；(2)验证电路的功率平衡。

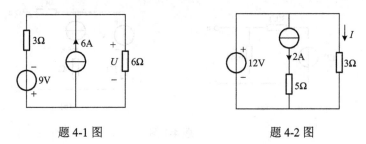

题 4-1 图　　　　　　　　　　　题 4-2 图

4-3 电路如题 4-3 图所示，求：(1)写出响应 u_O 和两个激励的关系表达式；(2)当 $u_S=$ 10V，$i_S=10A$ 时，$u_O=4V$；当 $u_S=-5V$，$i_S=5A$ 时，$u_O=3V$。计算当 $u_S=7V$，$i_S=-8A$ 时，u_O 是多少？

4-4 电路如题 4-4 图所示，$u_1=220\sqrt{2}\cos314t\text{V}$，计算电流 i。

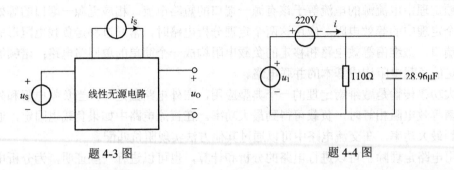

题 4-3 图　　　　　　　　　　　　　题 4-4 图

4-5　电路如题 4-5 图所示，求：(1)12Ω 电阻可以用什么元件代替，而不影响电路中其他元件的电压和电流，计算元件的参数？(2)8Ω 电阻可以用什么元件代替，而不影响电路中其他元件的电压和电流？(3)12V 电压源用什么元件代替，而不影响电路中其他元件的电压和电流？

4-6　如题 4-6 图所示的电路中，应用替代定理求电流 I。

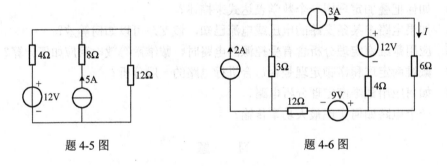

题 4-5 图　　　　　　　　　　　　　题 4-6 图

4-7　计算题 4-7 图所示各电路的戴维南等效电路。

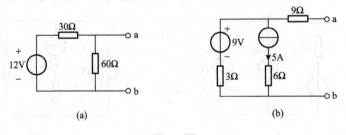

(a)　　　　　　　　　　　　　　　(b)

题 4-7 图

4-8　计算题 4-7 图中所示电路的诺顿等效电路。
4-9　应用戴维南定理，计算题 4-9 图中所示电路的电流 I。
4-10　应用诺顿定理，计算题 4-9 图中所示电路的电流 I。
4-11　应用戴维南定理，计算题 4-11 图中所示电路的电流 I。

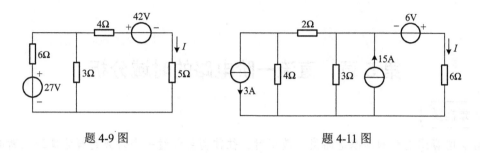

题 4-9 图   题 4-11 图

4-12 应用诺顿定理，计算题 4-11 图所示电路的电流 I。

4-13 在题 4-13 图的电路中，可变电阻 R 为负载，求：(1)R 等于多少，可以得到最大功率？(2)负载得到最大功率时，计算电源的传输效率 η(负载得到的功率/电源发出的功率)；(3)如果负载由等效的戴维南电路供电，传输效率是多少？

4-14 应用戴维南定理，计算题 4-14 图所示电路中 10Ω 电阻的电流。

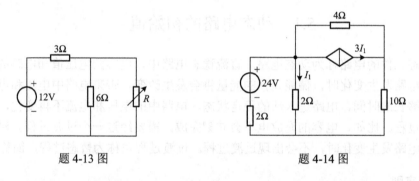

题 4-13 图   题 4-14 图

4-15 电路如题 4-15 图所示，$u_S = U_m\cos\omega t$，开关 S 闭合后，电容 C 之外的电路是一个有源一端口，求：(1)画出该一端口的戴维南等效电路；(2)以电容的电压 u_C 为变量，列出电路方程；(3)(提高题)定性分析响应 u_C 的变化规律。

4-16 电路如题 4-16 图所示，$u_S = 12\sqrt{2}\cos10t$ V，电感 L 之外的电路是一个有源一端口，求：(1)画出该一端口的诺顿等效电路；(2)以电感的电流 i 为变量，列出电路方程；(3)(提高题)计算电流 i。

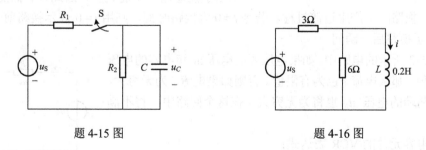

题 4-15 图   题 4-16 图

第 5 章 直流一阶电路的时域分析

本章提要

含有电容或电感的动态电路发生改变时，往往需要经过一个过渡过程才能进入新的稳定状态，本章主要讨论直流一阶电路的时域分析。通常由于能量不能突变，换路时电容和电感遵循换路定则。直流一阶电路的响应都是按照指数规律变化的函数，确定了初始值、稳态值和时间常数，响应就可以通过三要素公式得到。根据激励和动态元件初始储能的情况，电路会产生零输入响应、零状态响应或全响应。利用动态元件的特性可以实现信号的积分和微分运算。激励为阶跃函数或冲激函数时，电路会产生阶跃响应或冲激响应。

5.1 动态电路的初始值

含有动态元件的电路称为动态电路。直流稳态电路中，电容的电压值和电感的电流值为常数，当电路发生变化时，储能元件的能量将会发生改变，带来电路中电压和电流的变化，经过足够长的时间，电路进入新的稳定状态，电路中的电压和电流不再变化，这个过程称为过渡过程。比如，电容的充放电不会立刻完成，需要经过一个过渡过程。对于纯电阻电路，当电路发生变化时，不会出现过渡过程。过渡过程也称为暂态过程，简称暂态。

5.1.1 换路定则

电路的工作状况发生改变，称为换路，如电源的接通或断开、电路的结构和元件的参数改变等。换路通过开关 S（Switch）来表示。开关的动作主要有三种：闭合、打开和换接，分别如图 5-1（a）、（b）、（c）所示。开关的动作依据可动端的移动方向，动作时刻标注在符号 S 旁。

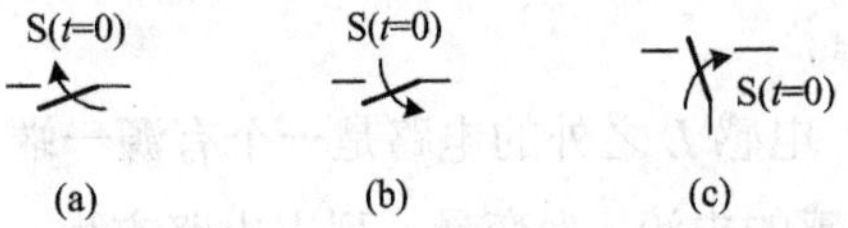

图 5-1 开关的三种动作

由于能量通常不能突变，因此含有储能元件 L、C 的电路在换路时会产生过渡过程。若令 $t=0$ 为换路时刻，则用 $t=0_-$ 表示换路前一瞬间，用 $t=0_+$ 表示换路后一瞬间。

如图 5-2 所示的电路中，如果电压源的电压 u_S 和电容的电压 u_C 为有限值，那么电流 i 也为有限值。否则如果电流 i 为无穷大，那么电阻两端的电压 u_R 也将为无穷大，在这个回路中，将不满足 KVL。

根据电容元件的 VCR 表达式：

$$i_C = C\frac{\mathrm{d}u_C}{\mathrm{d}t}$$

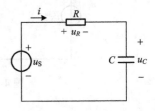

图 5-2 电流为有限值

若电容电流 i_C 为有限值，则在换路瞬间电容电压 u_C 不能跃变，即

$$u_C(0_+) = u_C(0_-) \tag{5.1}$$

跃变也称为跳变或突变。

同理，根据电感元件的 VCR 表达式：

$$u_L = L\frac{\mathrm{d}i_L}{\mathrm{d}t}$$

若电感电压 u_L 为有限值，则在换路瞬间电感电流 i_L 不能跃变，即

$$i_L(0_+) = i_L(0_-) \tag{5.2}$$

式(5.1)和式(5.2)称为换路定则。

还可以从能量的角度来说明换路定则。考虑到电容的能量表达式：

$$W_C = \frac{1}{2}Cu^2$$

电感的能量表达式：

$$W_L = \frac{1}{2}Li^2$$

通常能量不能突变，意味着电容的电压和电感的电流也不会突变。

注意：如果电路的响应发生跳变，一定是在换路瞬间。换路定则成立的条件是电容电流和电感电压为有限值；电路中的其他响应，在换路瞬间都可能发生跳变。

如图 5-3 所示的电路中，开关打开前可认为电路稳定，$i(0_-) = 12/3 = 4(\mathrm{A})$，换路瞬间，根据换路定则，电感中的电流不会发生跳变，则 $i(0_+) = i(0_-) = 4\mathrm{A}$。由于开关打开，电感和电压表构成回路，若电压表的内阻为 2.5kΩ，则此刻电压表两端将出现 $4×2.5 = 10(\mathrm{kV})$ 的高压，可能会把电压表损坏，测量时需注意。

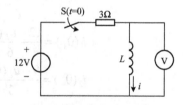

图 5-3　换路瞬间出现高压

如果把图 5-3 所示电路中的电压表换成火花塞，就构成了汽车起动的点火电路。假如 $L = 10\mathrm{mH}$，开关完全断开即电流由 4A 变为 0 的时间为 2μs，则电感两端的电压为

$$u = L\frac{\Delta i}{\Delta t} = 10×10^{-3}×\frac{4}{2×10^{-6}} = 20(\mathrm{kV})$$

即火花塞两端出现 20kV 高压，可以产生电火花点燃油气混合物。

5.1.2　初始值的确定

电路中电流与电压在换路后的瞬间，即在 $t=0_+$ 时刻的值称为初始值。根据换路定则，电容电压和电感电流在换路瞬间不能跃变，一般称 $u_C(0_+)$ 和 $i_L(0_+)$ 为独立初始值；其他电压和电流的初始值，由于电路发生变化，可能发生跃变，也称为非独立初始值。

求初始值的方法和具体步骤如下。

(1)在换路前的电路中，求出 $u_C(0_-)$ 和 $i_L(0_-)$，由于换路前电路处于稳定状态，又是直

流激励，所以此时电容相当于开路，电感相当于短路。

（2）由换路定则可得 $u_C(0_+)$ 和 $i_L(0_+)$。

（3）如果求其他响应的初始值，需作 0_+ 等效电路。把电容用电压源代替，电压源的电压等于 $u_C(0_+)$；电感用电流源代替，电流源的电流等于 $i_L(0_+)$。

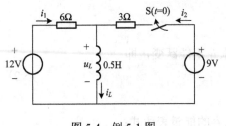

图 5-4　例 5-1 图

（4）由 0_+ 等效电路计算各响应的初始值。

【例 5-1】　图 5-4 所示电路中，换路前电路已经稳定，求换路后的初始值。

解　换路前电路处于稳态，此时电感相当于短路，有

$$i_L(0_-) = \frac{12}{6} = 2(A)$$

根据换路定则，有

$$i_L(0_+) = i_L(0_-) = 2(A)$$

作 0_+ 等效电路如图 5-5 所示，在换路后(开关闭合)的电路中，电感用一个电流为 2A 的电流源代替，可得

$$u_L(0_+) = \frac{\frac{12}{6} - 2 + \frac{9}{3}}{\frac{1}{6} + \frac{1}{3}} = 6(V)$$

$$i_1(0_+) = \frac{12 - u_L(0_+)}{6} = 1(A)$$

$$i_2(0_+) = \frac{9 - u_L(0_+)}{3} = 1(A)$$

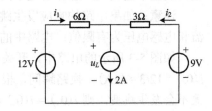

图 5-5　$t=0_+$ 时刻的等效电路

【例 5-2】　已知图 5-6 所示电路，开关闭合前电路已处于稳态，求换路后电路中各响应的初始值。

解　由于换路前电路已处于稳态，电容没有储能，即使原来有储能也会通过 6Ω 电阻释放，故

$$u_C(0_-) = 0$$

根据换路定则，有

$$u_C(0_+) = u_C(0_-) = 0$$

由于换路时电容的电压为 0，如果电容用电压源来代替，相当于电压为 0 的电压源，0_+ 等效电路中的电容用短路代替，如图 5-7 所示，可求得

$$i_1(0_+) = i_C(0_+) = \frac{9}{3} = 3(A)$$

$$i_2(0_+) = 0A$$

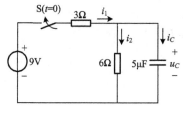

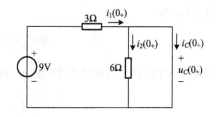

图 5-6　例 5-2 图　　　　　　　　图 5-7　例 5-2 的 0_+ 等效电路

5.2　经典法求解动态电路的响应函数

在线性电路中，由于电容和电感两个动态元件的电压电流关系为微分方程，故动态电路列出的电路方程为常系数微分方程，在时域内可通过求解微分方程，得到方程的解，即电路的响应。这个方法称为经典法。

5.2.1　经典法求解一阶电路

下面分别通过一个 RC 电路和 RL 电路来学习电路的求解。

图 5-8 所示电路中，开关闭合后的电路方程为

$$Ri + u_C = u_S$$

由电容的 VCR 表达式：

$$i = C\frac{\mathrm{d}u_C}{\mathrm{d}t}$$

可得

$$RC\frac{\mathrm{d}u_C}{\mathrm{d}t} + u_C = u_S \tag{5.3}$$

图 5-8　RC 一阶电路

式 (5.3) 为一阶线性常系数非齐次微分方程，由于电路方程为一阶微分方程，对应的电路称为一阶电路。通常含有一个电容或电感的电路均为一阶电路。该方程的解为非齐次微分方程的特解+齐次微分方程的通解。

电容两端电压达到的稳态值，记作 $u_C(\infty)$，即为非齐次微分方程的特解，比如，一个电容充满电，两端电压为 5V，5 即为特解，$u_C' = u_C(\infty)$。

可通过分离变量法解出 RC 一阶电路齐次微分方程的通解。对应的齐次微分方程为

$$RC\frac{\mathrm{d}u_C''}{\mathrm{d}t} + u_C'' = 0 \tag{5.4}$$

整理得

$$\frac{\mathrm{d}u_C''}{\mathrm{d}t} = -\frac{1}{RC}u_C''$$

分离变量为

$$\frac{\mathrm{d}u_C''}{u_C''} = -\frac{1}{RC}\mathrm{d}t$$

两边同时积分，得

$$\ln u_C'' = -\frac{1}{RC}t + B$$

B 为积分常数，两边取 c 为底的指数函数，得

$$u_C'' = A\mathrm{e}^{-\frac{1}{RC}t} \tag{5.5}$$

式中，A 为常数，由电路的初始条件决定。

可以看出，齐次方程的通解为一个衰减的指数函数，衰减的速度与 R 和 C 的大小有关。

由此可得到，在直流一阶电路中，该电容两端电压的函数表达式为

$$u_C = u_C' + u_C'' = u_C(\infty) + A\mathrm{e}^{-\frac{1}{RC}t} \tag{5.6}$$

如果电容的电压在换路完成瞬间为 $u_C(0_+)$，则有

$$u_C(0_+) = u_C(\infty) + A\mathrm{e}^{-\frac{1}{RC}\times 0_+} = u_C(\infty) + A$$

可得常数 A 为

$$A = u_C(0_+) - u_C(\infty)$$

则

$$u_C = u_C(\infty) + [u_C(0_+) - u_C(\infty)]\mathrm{e}^{-\frac{1}{RC}t} \tag{5.7}$$

令 $\tau = RC$，式(5.7)可以写为

$$u_C = u_C(\infty) + [u_C(0_+) - u_C(\infty)]\mathrm{e}^{-\frac{t}{\tau}} \tag{5.8}$$

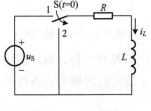

图 5-9　RL 一阶电路

图 5-9 所示 RL 电路中，换路后的电路方程为

$$Ri_L + L\frac{\mathrm{d}i_L}{\mathrm{d}t} = 0 \tag{5.9}$$

式(5.9)是线性一阶常系数齐次微分方程。

对式(5.9)分离变量可得

$$\frac{\mathrm{d}i_L}{i_L} = -\frac{R}{L}\mathrm{d}t$$

两边同时积分，得

$$\ln i_L = -\frac{R}{L}t + B$$

B 为积分常数，两边取 e 为底的指数函数，得

$$i_L = A\mathrm{e}^{-\frac{R}{L}t}$$

式中，A 为常数，由起始条件决定，$A = i_L(0_+)$。该电流是一个衰减的指数函数，衰减的速度与 R 和 L 相关。

$$i_L = i_L(0_+)\mathrm{e}^{-\frac{R}{L}t} \tag{5.10}$$

令 $\tau = \dfrac{L}{R}$，式 (5.10) 可以写为

$$i_L = i_L(0_+)\mathrm{e}^{-\frac{t}{\tau}} \tag{5.11}$$

从以上两个电路方程的求解可以看出，一阶电路中，电路变量的解有一定的规律，包含一个衰减的指数函数，其衰减的快慢与电路的结构和参数有关，指数函数的系数与初始条件有关。

5.2.2　经典法求解高阶电路

图 5-10 所示电路中包含两个动态元件。开关闭合后，电路的方程为

$$Ri + u_L + u_C = u_S$$

由动态元件的 VCR 表达式：

$$u_L = L\dfrac{\mathrm{d}i}{\mathrm{d}t}$$

$$i = C\dfrac{\mathrm{d}u_C}{\mathrm{d}t}$$

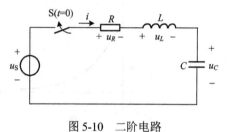

图 5-10　二阶电路

以电容电压 u_C 为电路变量，可得

$$LC\dfrac{\mathrm{d}^2 u_C}{\mathrm{d}t^2} + RC\dfrac{\mathrm{d}u_C}{\mathrm{d}t} + u_C = u_S \tag{5.12}$$

式 (5.12) 是二阶非齐次微分方程，对应的电路称为二阶电路。

式 (5.12) 对应的齐次微分方程为

$$LC\dfrac{\mathrm{d}^2 u_C'}{\mathrm{d}t^2} + RC\dfrac{\mathrm{d}u_C'}{\mathrm{d}t} + u_C' = 0 \tag{5.13}$$

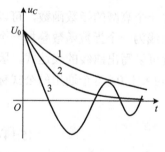

从物理过程看，齐次方程对应的是电容的放电过程。根据元件的参数取值不同，放电过程的曲线有三种情况，分别是非振荡放电过程、临界非振荡放电过程和振荡放电过程，如图 5-11 所示的曲线 1、2、3。对于二阶齐次微分方程，由于其特征根取值情况不同，因此通解没有一个统一的形式，求解起来非常麻烦。

动态电路的阶数由得到的微分方程的阶数决定，二阶及以上动态电路统称为高阶电路，由于采用经典法求解高阶电路方程非常麻烦，故常借助拉普拉斯变换，把求解时

图 5-11　二阶电路电容的放电曲线

域微分方程的问题变换到复频域求解代数方程，使方程的求解得到简化。应用拉普拉斯变换求解动态电路的运算法可参见附录 A。

5.3　直流一阶电路的三要素法

5.3.1　三要素公式

以直流一阶 RC 电路为例，电容经历的物理过程可能有充电、放电和储能变化三种情况，其两端电压 $u_C(t)$ 对应的变化曲线分别如图 5-12(a)～(d)所示。图 5-12(a)为释放初始储能的放电过程；图 5-12(b)为初始储能为 0 的充电过程；图 5-12(c)为储能减小的放电过程；图 5-12(d)为储能增加的充电过程。

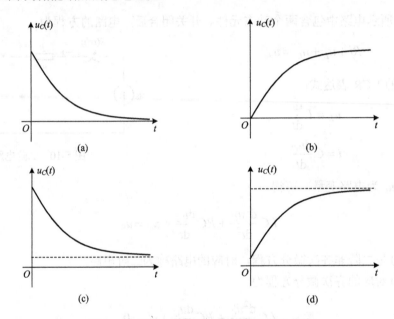

图 5-12　直流一阶电路中电容电压变化曲线

通过前面的分析可知，因为是一阶电路，电容的电压包含一个衰减的指数函数，可以用一个通用的表达式来描述。以图 5-12(c)为例，电路的响应曲线为一个指数函数叠加一个直流分量。找到三个参数——初始值、稳态值和时间常数，就可以写出曲线的表达式。因为换路在 0 时刻发生，所以得出的表达式中时间 t 的取值范围为大于 0。这个通用的公式称为一阶电路的三要素公式，用 $f(t)$ 表示，则该公式可写为

$$f(t) = f(\infty) + [f(0_+) - f(\infty)]e^{-\frac{t}{\tau}} \tag{5.14}$$

式(5.14)适用于直流一阶电路中任意的电压和电流，是一个通用的表达式。其中的三个参数称为三要素。

$f(0_+)$ 为初始值，是换路刚完成的瞬间对应的电压或电流值。初始值 $f(0_+)$ 可能等于 $f(0_-)$，也可能不等于 $f(0_-)$。如果不满足换路定则，那么需要作 0_+ 时刻的等效电路来求解。

$f(\infty)$ 为稳态值，是过渡过程结束后对应的电压或电流达到的稳定值。因为是直流电路，所以电路稳定后，电容相当于开路，电感相当于短路。

τ 为时间常数，反映过渡过程的快慢。过渡过程慢，时间常数大；过渡过程快，时间常数小。RC 电路中，$\tau = R_0 C$；RL 电路中，$\tau = \dfrac{L}{R_0}$。其中，R_0 为从动态元件两端看进去的戴维南等效电阻。

如果稳态值为 0，可得

$$f(t) = f(0_+) \mathrm{e}^{-\frac{t}{\tau}} \tag{5.15}$$

令 $t = \tau$，可得

$$f(\tau) = f(0_+)\mathrm{e}^{-1} = 0.368 f(0_+) \tag{5.16}$$

由式 (5.16) 可知，经过一个 τ 的时间，响应衰减到初始值的 36.8%。同理可得，经过 3τ 的时间，响应衰减到初始值的 5.0%；经过 5τ 的时间，响应将衰减到初始值的 0.7%。工程上认为，经过 $3\tau \sim 5\tau$ 时间，过渡过程基本结束。

电路分析主要讨论电压和电流，具体分析和计算时不要使用 f，把 f 换成 u 或 i。即

$$u(t) = u(\infty) + [u(0_+) - u(\infty)]\mathrm{e}^{-\frac{t}{\tau}}$$

$$i(t) = i(\infty) + [i(0_+) - i(\infty)]\mathrm{e}^{-\frac{t}{\tau}}$$

式 (5.14) 包含两项，其中 $f(\infty)$ 称为稳态分量或强制分量，相应地，$[f(0_+) - f(\infty)]\mathrm{e}^{-\frac{t}{\tau}}$ 称为暂态分量或自由分量。即

电路的响应 = 稳态分量 + 暂态分量

或

电路的响应 = 强制分量 + 自由分量

稳态分量 $f(\infty)$ 是电路进入稳定状态后，电压或电流的数值。$[f(0_+) - f(\infty)]\mathrm{e}^{-\frac{t}{\tau}}$ 是一个衰减的指数函数，随着时间的推移，这一项越来越小，当过渡过程结束时，指数函数趋向于 0。这一项只在过渡过程出现，所以称为暂态分量。

$f(\infty)$ 又称为强制分量，它和激励具有相同的规律。$[f(0_+) - f(\infty)]\mathrm{e}^{-\frac{t}{\tau}}$ 变化的快慢和激励无关，时间常数 τ 与电路的结构和参数有关 $\left(\tau = R_0 C \text{ 或 } \dfrac{L}{R_0}\right)$，不受激励的约束，称为自由分量。

5.3.2 应用三要素法求解直流一阶电路

只要是直流一阶电路，任意的一个响应都可以应用式 (5.14) 的三要素公式来求解。虽然该式是一个通用表达式，但还是建议有选择性地使用这个公式。

对于电容电压 $u_C(t)$ 或电感电流 $i_L(t)$，应用三要素公式是最合适的，或者说三要素公式是为这两个响应量身打造的表达式。这两个响应的共同特点是满足换路定则。

同一个动态电路，对于任意一个响应来说，三要素公式中的时间常数是一样的。因为

是直流电路，所以稳态值的计算也较为容易。但是初始值的计算步骤差异很大，满足换路定则的 $u_C(t)$ 或 $i_L(t)$，只需要计算换路前的稳态值即可；其他响应不满足换路定则，即 $f(0_+)$ $\neq f(0_-)$，需要根据 $t=0_+$ 时刻的等效电路计算初始值。

对于不满足换路定则的响应，如果是 RC 电路，可先应用三要素公式求解 $u_C(t)$；如果是 RL 电路，先应用三要素公式求解 $i_L(t)$，然后应用动态元件的 VCR 和基尔霍夫定律计算其他响应。

下面通过具体的例子来加以说明。

【例 5-3】 电路如图 5-13 所示，开关 S 闭合前电路已达稳定状态，$t=0$ 时，S 闭合，求 $t>0$ 时的 $i(t)$。

解 方法 1：先应用三要素公式求解电容两端的电压，设其为 $u_C(t)$，根据得到的 $u_C(t)$ 函数表达式，再计算 $i(t)$。

换路前，电路处于稳定状态，如图 5-14 所示，得

$$u_C(0_-) = \frac{1}{2+3+1} \times 12 = 2(\text{V})$$

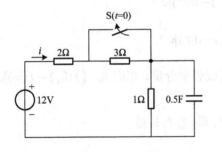
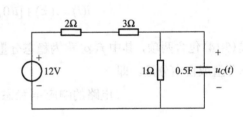

图 5-13　例 5-3 图　　　　　　　　　图 5-14　换路前的电路

根据换路定则，有

$$u_C(0_+) = u_C(0_-) = 2\text{V}$$

换路后，如图 5-15 所示，3Ω 电阻被短路，电容电压的稳态值为

$$u_C(\infty) = \frac{1}{2+1} \times 12 = 4(\text{V})$$

从电容元件两端看进去的无源一端口，如图 5-16 所示，2Ω 电阻和 1Ω 电阻为并联关系，戴维南等效电阻为

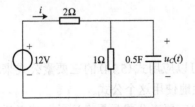
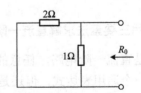

图 5-15　换路后的电路　　　　　　图 5-16　从动态元件两端看进去的无源一端口

$$R_0 = \frac{2 \times 1}{2+1} = \frac{2}{3}(\Omega)$$

时间常数为

$$\tau = R_0 C = \frac{2}{3} \times 0.5 = \frac{1}{3}(s)$$

由三要素公式得

$$u_C(t) = u_C(\infty) + [u_C(0_+) - u_C(\infty)]e^{-\frac{t}{\tau}}$$

$$u_C(t) = 4 + (2-4)e^{-\frac{t}{\tau}} V$$

$$u_C(t) = 4 - 2e^{-3t} V \quad (t \geqslant 0)$$

选择最外面的回路，列 KVL 方程，最外面的回路中有三个元件，2Ω 电阻的电压与电容的电压之和等于电压源的电压 12V，即

$$12 = 2i(t) + u_C(t)$$

或根据 KCL，有

$$i(t) = \frac{u_C(t)}{1} + 0.5 \times \frac{\mathrm{d}u_C(t)}{\mathrm{d}t}$$

即 1Ω 电阻和电容并联，两端的电压为 $u_C(t)$，根据欧姆定律，流过 1Ω 电阻的电流为 $\frac{u_C(t)}{1}$；根据电容的 VCR，电容的电流为 $0.5 \times \frac{\mathrm{d}u_C(t)}{\mathrm{d}t}$。根据参考方向，两个电流之和为 $i(t)$。

经计算可得

$$i(t) = 4 + e^{-3t} A \quad (t \geqslant 0)$$

方法 2：应用三要素公式计算电流 $i(t)$。

电流 $i(t)$ 不满足换路定则，初始值 $i(0_+)$ 需要通过 0_+ 时刻的等效电路得到。根据换路后的电路，0_+ 时刻的等效电路中电容用一个电压源来代替，电压源的电压为 $u_C(0_+) = $ 2V，如图 5-17 所示。

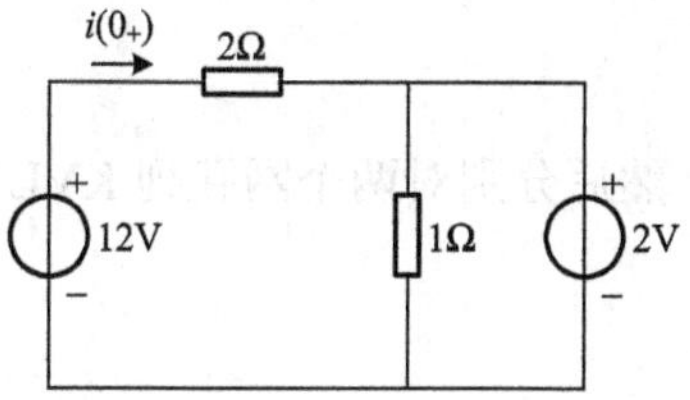

$$i(0_+) = \frac{12-2}{2} = 5(A)$$

图 5-17　$t=0_+$ 时刻的等效电路

稳态值的计算比较简单，由于稳态时，电容相当于开路，故换路后的两个电阻为串联关系，$i(\infty) = 4A$。

由三要素公式得

$$i(t) = i(\infty) + [i(0_+) - i(\infty)]e^{-\frac{t}{\tau}}$$

$$i(t) = 4 + (5-4)e^{-3t} A$$

$$i(t) = 4 + e^{-3t} A \quad (t \geqslant 0)$$

对比两种方法可以看出，如果应用三要素公式求解 $i(t)$，由于不满足换路定则，需要画 0_+ 时刻等效电路计算电流的初始值，计算显得繁复，不建议使用。

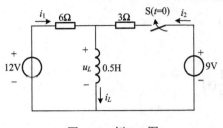

图 5-18　例 5-4 图

【例 5-4】　图 5-18 所示电路中，已知开关 S 在原位置停留已久，在 $t=0$ 时将开关 S 闭合，求换路后各支路电流。

解　先应用三要素法计算流过电感的电流。

开关 S 在原位置停留已久，意味着换路前电路处于稳定状态，电感相当于短路，6Ω 电阻的电压为 12V，$i_L(0_-)=i_1(0_-)=2A$。根据换路定则，有

$$i_L(0_+)=i_L(0_-)=2A$$

当电路达到新稳态时，电感相当于短路，两端电压为 0，则

$$i_L(\infty)=\frac{12}{6}+\frac{9}{3}=5(A)$$

从电感两端看进去的戴维南等效电阻为 6Ω 和 3Ω 的并联，则

$$\tau=\frac{L}{R_0}=\frac{0.5}{6/\!/3}=0.25(s)$$

根据三要素公式，得

$$\begin{aligned}
i_L(t)&=i_L(\infty)+[i_L(0_+)-i_L(\infty)]e^{-\frac{t}{\tau}}\\
&=5+(2-5)e^{-4t}\\
&=5-3e^{-4t}(A)
\end{aligned}$$

两个电阻的电流可以通过两种方法求得。

方法 1：

可先求出电感的电压：

$$u_L(t)=L\frac{di_L(t)}{dt}=6e^{-4t}V$$

然后分别对两个网孔列 KVL 方程：

$$6i_1(t)+u_L(t)=12$$
$$3i_2(t)+u_L(t)=9$$

可得

$$i_1(t)=2-e^{-4t}A$$
$$i_2(t)=3-2e^{-4t}A$$

方法 2：

根据 KCL，可得

$$i_1(t)+i_2(t)=i_L(t) \tag{5.17}$$

对最外面的回路列 KVL 方程：

$$6i_1(t)-3i_2(t)+9-12=0 \tag{5.18}$$

式(5.17)和式(5.18)联立，可求出电阻的电流变化函数。

根据响应的三要素,可以很容易画出电流 i_L 的变化曲线,如图 5-19(a) 所示。

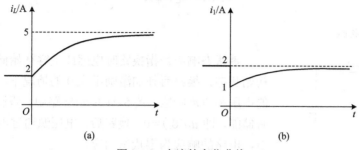

图 5-19　电流的变化曲线

电阻上的电流在换路瞬间发生了跳变,绘制变化曲线时,需通过电流函数计算出初始值。如电流 i_1,换路前的瞬间 $i_1(0_-) = 2\text{A}$,换路后的瞬间 $i_1(0_+) = 2 - \mathrm{e}^{-4\times0} = 1\text{A}$,可以看出在换路瞬间电阻的电流发生了跳变;电流的稳态值 $i_1(\infty) = 2\text{A}$。电流 i_1 的变化曲线如图 5-19(b) 所示。

应用三要素法求解直流一阶电路

注意: 三要素法适用的电路是直流激励和一阶电路,两个条件缺一不可。

根据三要素法公式,可以计算响应达到特定值所经历的时间。由三要素公式:

$$f(t_0) = f(\infty) + [f(0_+) - f(\infty)]\mathrm{e}^{\frac{t_0}{\tau}}$$

可得

$$\mathrm{e}^{-\frac{t_0}{\tau}} = \frac{f(t_0) - f(\infty)}{f(0_+) - f(\infty)}$$

则

$$-\frac{t_0}{\tau} = \ln\frac{f(t_0) - f(\infty)}{f(0_+) - f(\infty)}$$

得

$$t_0 = \tau \cdot \ln\frac{f(0_+) - f(\infty)}{f(t_0) - f(\infty)} \tag{5.19}$$

式(5.19)即为一阶电路响应达到特定值所经历时间的表达式。

5.4　一阶电路的三种响应

5.4.1　零输入响应

零输入响应是指在换路后没有外加激励,动态电路仅由电容或电感的初始储能在电路中产生的电压或电流响应。如图 5-20 所示的一阶 RC 电路中,换路后电容 C 和电阻 R 构成一个回路,该回路中没有激励,电容通过电阻 R 放电,电路的响应为零输入响应。电容储存的能量全部释放,被电阻消耗转换为热能。

由于 $u_C(0_+) \neq 0$,而 $u_C(\infty) = 0$,由三要素公式可得

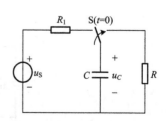

图 5-20　RC 电路的零输入响应

$$u_C(t) = u_C(0_+)\mathrm{e}^{-\frac{t}{\tau}}$$

5.4.2 零状态响应

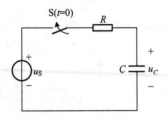

图 5-21　RC 电路的零状态响应

零状态响应是指换路时电感或电容初始储能为 0，即零初始状态，换路后外加激励不为 0 的情况下，动态电路产生的电压和电流响应。图 5-21 所示电路中，假设换路前电容没有储能，即 $u_C(0_-)=0$，换路后，电压源通过电阻 R 给电容充电，电路的响应为零状态响应。

由于 $u_C(0_+)=0$，而 $u_C(\infty)\neq 0$，由三要素公式可得

$$u_C(t) = u_C(\infty)(1-\mathrm{e}^{-\frac{t}{\tau}})$$

可以证明，在充电过程中，电阻消耗的能量和电容储存的能量相等，充电效率为 50%。

电路仿真——一阶 RC 电路

一阶 RC 电路零状态响应的仿真电路图 5-22（a）所示，开关通过按"A"键切换，添加示波器观察电容电压和电流的变化曲线，测流钳可以把电流信号按比例转换为电压信号，以便于示波器观测波形。双击示波器打开观测面板，运行仿真，按下"A"键，RC 电路接通电源，可调整示波器的参数更好地观测波形。仿真曲线如图 5-22（b）所示，缓慢上升的为电压曲线，经过几毫秒，曲线稳定在 10V，说明电容充满电，电路进入了稳定状态。可以读出电容电压到达 9.5V 或 9.93V 所用的时间来计算时间常数，因为相应经历的时间为 3τ 或 5τ。发生跳变的曲线为电流曲线，随着电容充电的进行，波形逐渐下降，最后变为 0。

5.4.3 全响应

当一阶电路的电容或电感的初始储能不为零，同时又有外施电源作用时，这时电路的响应称为一阶电路的全响应。以 RC 电路为例，当 $u_C(0_+)\neq 0$，$u_C(\infty)\neq 0$ 时，即为全响应，根据三要素公式，电容电压函数表达式为

$$u_C(t) = u_C(\infty) + [u_C(0_+) - u_C(\infty)]\mathrm{e}^{-\frac{t}{\tau}} \tag{5.20}$$

把式（5.20）中含有 $u_C(\infty)$ 的两项合并，可得

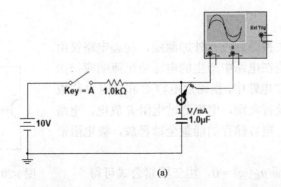

(a)

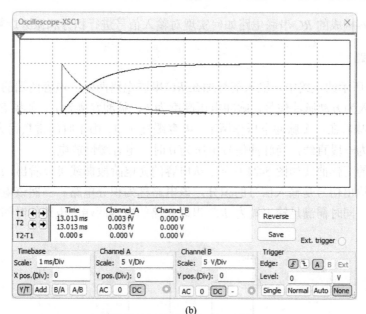

(b)

图 5-22   电路仿真——一阶 RC 电路

$$u_C(t) = u_C(0_+)e^{-\frac{t}{\tau}} + u_C(\infty)\left(1 - e^{-\frac{t}{\tau}}\right) \tag{5.21}$$

很明显，式(5.21)中第一项 $u_C(0_+)e^{-\frac{t}{\tau}}$ 为零输入响应，第二项 $u_C(\infty)\left(1 - e^{-\frac{t}{\tau}}\right)$ 为零状态响应，说明全响应可以看作零输入响应和零状态响应的叠加，即

全响应 = 零输入响应+零状态响应

图 5-12(a)对应的响应为零输入响应；图 5-12(b)对应的响应为零状态响应；图 5-12(c)和(d)两种情况为全响应。

5.4.4   一阶电路响应类型的判断

根据得到的三要素公式可以判断一阶电路的响应类型。但是要注意，讨论的响应必须是电容电压 $u_C(t)$ 或电感电流 $i_L(t)$。

当 $u_C(\infty) = 0$ 或 $i_L(\infty) = 0$ 时，电路为零输入响应。

当 $u_C(0_+) = 0$ 或 $i_L(0_+) = 0$ 时，电路为零状态响应。

当 $u_C(\infty) \neq 0$ 且 $u_C(0_+) \neq 0$ 或 $i_L(\infty) \neq 0$ 且 $i_L(0_+) \neq 0$ 时，电路为全响应。

如果讨论的响应不满足换路定则，即非 $u_C(t)$ 或非 $i_L(t)$，将无法判断电路的响应类型。例如，对于电容的电流 $i_C(t)$，无论是哪种响应，都有 $i_C(0_+) \neq 0$，$i_C(\infty) = 0$。

5.5 RC 电路实现信号的运算

根据元件的特点搭建的电路可以进行信号的运算，如比例、积分、微分等运算。下面介绍电阻和电容构成的 RC 串联电路如何实现对输入信号进行积分和微分运算。

5.5.1 积分电路

如图 5-23 所示的电路中，输入信号加在 RC 串联电路两端，电容两端的电压作为输出信号。假设输入为方波脉冲信号，脉冲电压高度为 E，脉冲宽度为 t_p，如果 RC 电路的时间常数 $\tau \gg t_p$，意味着在一个脉冲电压作用下，电容缓慢充电，由于时间常数远大于脉冲宽度，充电曲线近似为一段直线，当脉冲信号电压为 0 时，电容缓慢放电。

输出信号的变化曲线如图 5-24 所示。从电容的充电阶段曲线可以看出，u_O 和 u_I 近似为积分关系，即输出信号是输入信号的积分，该电路称为积分电路。当然该电路的运算关系为近似的积分，同时需满足输出端为 RC 串联电路的电容两端，电路的时间常数要远远大于脉冲宽度。

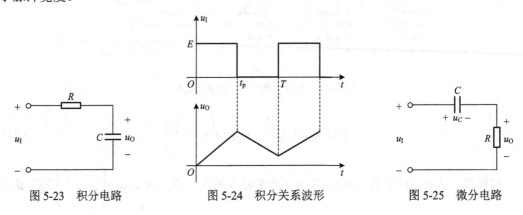

图 5-23　积分电路　　　　　　图 5-24　积分关系波形　　　　　　图 5-25　微分电路

5.5.2 微分电路

同样是 RC 串联电路，取电阻两端的电压作为输出信号，如图 5-25 所示。如果电路的时间常数 $\tau \ll t_p$，在脉冲电压作用下，电容和电阻的电压和为 E，刚开始作用时，电容的电压为 0，电阻的电压跳变到 E，随后电容两端电压快速升高，则电阻两端电压即输出电压快速降低；电容很快就能充满电，由于时间常数远小于脉冲宽度，在脉冲电压作用下的其余大部分时间，电容两端电压为 E 且保持不变，而电阻两端电压为 0，则输出电压为 0。

当脉冲信号电压为 0 时，电容和电阻的电压和为 0，电阻电压和电容电压大小相等、方向相反。当脉冲电压刚为 0 时，由于电容电压不会跳变，仍为 E，则电阻电压跳变为 $-E$，随后电容快速放电，电压很快变为 0，电阻电压也快速变为 0。

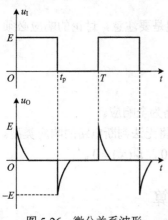

图 5-26　微分关系波形

输入输出信号的变化曲线如图 5-26 所示。输入电压由 0 跳变到 E，输出电压出现一个正尖峰，在随后大部分时间里输入电压为一个常数，输出为 0；当输入电压在 t_p 时刻跳变到 0 时，输出电压出现了一个负尖峰。从输入和输出电压波形可以看出，u_O 和 u_I 近似为微分关系，即输出信号是输入信号的微分，该电路称为微分电路。当然该电路的运算关系为近似的微分，同时需满足输出端为 RC 串联电路的电阻两端，电路的时间常数要远远小于脉冲宽度。

在实际的应用中，也可以采用由集成运放组成的运算电路来实现信号的积分和微分运算。

5.6　一阶电路的阶跃响应和冲激响应

5.6.1　一阶电路的阶跃响应

单位阶跃函数的定义如下：

$$\varepsilon(t) = \begin{cases} 0, & t < 0 \\ 1, & t \geqslant 0 \end{cases}$$

在电路分析中，常用单位阶跃函数来描述响应函数的起始时间、开关动作，以及表示方波脉冲电压。

动态电路的响应函数需要指出时间 t 的取值范围。通常指定换路时刻为 0 时刻，在响应函数后标注 $t \geqslant 0$ 来表示起始时间，若把响应函数表达式直接乘以 $\varepsilon(t)$ 也起到同样的效果，则为进一步对响应函数做处理提供了方便。

如果一个电压源的电压标记为 $3\varepsilon(t)\text{V}$，那么表明这个电压源的 3V 激励在 0 时刻开始作用到电路中，阶跃函数代替了开关的作用。

对于图 5-27(a)所示的方波脉冲信号，可以把它看作如图 5-27(b)所示的两个阶跃函数的叠加，即

$$f(t) = \varepsilon(t) - \varepsilon(t - t_0)$$

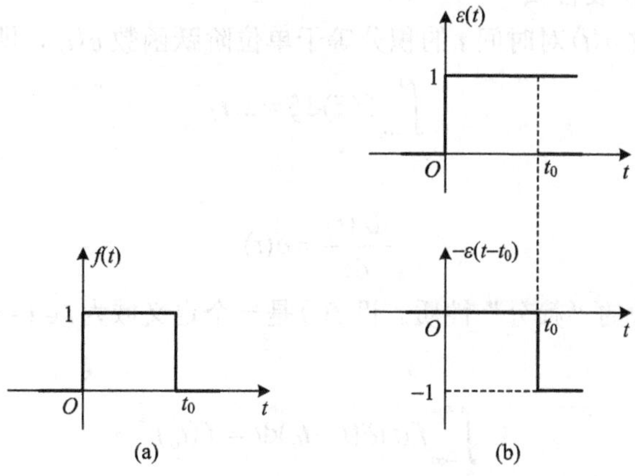

图 5-27　用阶跃函数表示矩形脉冲

电路在单位阶跃函数的激励作用下产生的零状态响应称为单位阶跃响应。一阶电路中电容电压或电感电流的阶跃响应函数为

$$f(t) = f(\infty)\left(1 - e^{-\frac{t}{\tau}}\right)\varepsilon(t) \tag{5.22}$$

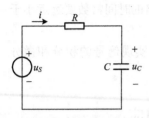

图 5-28 例 5-5 图

【例 5-5】 图 5-28 所示电路中电容 C 原未充电，所加 $u_S(t)$ 的波形如图 5-27(a)所示，求电容电压 $u_C(t)$。

解 用阶跃函数表示激励 $u_S(t)$，波形如图 5-27(b)所示。其表达式为

$$u_S(t) = \varepsilon(t) - \varepsilon(t - t_0)$$

由于激励为两个阶跃函数的叠加，因此响应也是两个阶跃响应的叠加。对于每个阶跃电压单独作用时，电容充满电后电压都为 1V，由式(5.22)可得

$$u_C(t) = \left(1 - e^{-\frac{t}{\tau}}\right)\varepsilon(t) - \left(1 - e^{-\frac{t-t_0}{\tau}}\right)\varepsilon(t - t_0)$$

式中，$\tau = RC$。

本例中，若把激励写成分段函数，则电路在分段激励作用下，响应也是分段函数的形式。第一阶段的响应为零状态响应；第二阶段的初始值和第一阶段相关，第二阶段的响应为零输入响应。请自行分析。

5.6.2 一阶电路的冲激响应

单位冲激函数的定义如下：

$$\begin{cases} \int_{-\infty}^{\infty} \delta(t)\mathrm{d}t = 1 \\ \delta(t) = 0 \ (t \neq 0) \end{cases}$$

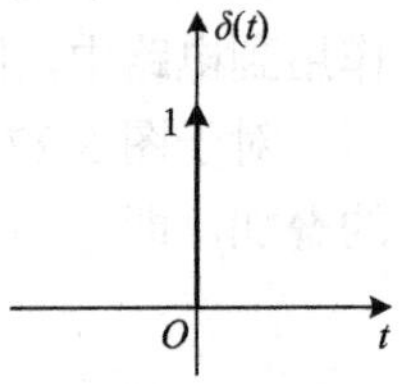

单位冲激函数的强度为 1，其函数如图 5-29 所示。

冲激函数有两个重要性质。

(1) 单位冲激函数 $\delta(t)$ 对时间 t 的积分等于单位阶跃函数 $\varepsilon(t)$，即

图 5-29 冲激函数

$$\int_{-\infty}^{t} \delta(\xi)\mathrm{d}\xi = \varepsilon(t) \tag{5.23}$$

反之，则

$$\frac{\mathrm{d}\varepsilon(t)}{\mathrm{d}t} = \delta(t) \tag{5.24}$$

(2) 单位冲激函数的"筛分"性质。设 $f(t)$ 是一个定义域为 $t \in (-\infty, \infty)$，且在 $t = t_0$ 时连续的函数，有

$$\int_{-\infty}^{\infty} f(t)\delta(t - t_0)\mathrm{d}t = f(t_0) \tag{5.25}$$

电路对于单位冲激函数作为激励的零状态响应称为单位冲激响应。下面以一阶 RC 电路为例，介绍一阶电路的冲激响应。如图 5-30(a)所示的电路中，激励为单位冲激电流。

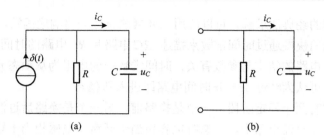

图 5-30 RC 电路的冲激响应

设电容无初始储能，$u_C(0_-)=0$。根据 KCL，有

$$C\frac{\mathrm{d}u_C}{\mathrm{d}t}+\frac{u_C}{R}=\delta(t) \tag{5.26}$$

将式（5.26）从 $t=0_-$ 到 $t=0_+$ 时间间隔内积分，有

$$\int_{0_-}^{0_+}C\frac{\mathrm{d}u_C}{\mathrm{d}t}\mathrm{d}t+\int_{0_-}^{0_+}\frac{u_C}{R}\mathrm{d}t=\int_{0_-}^{0_+}\delta(t)\mathrm{d}t \tag{5.27}$$

由于 u_C 为有限值，因此式（5.27）中第二项积分应为零，即

$$\int_{0_-}^{0_+}C\frac{\mathrm{d}u_C}{\mathrm{d}t}\mathrm{d}t=1 \tag{5.28}$$

可得

$$C[u_C(0_+)-u_C(0_-)]=1$$

于是有

$$u_C(0_+)=\frac{1}{C}$$

说明：在冲激电流作用下，电容的电压在换路瞬间发生了跳变，不再满足换路定则。

而当 $t\geq0_+$ 时，冲激电流源的电流为 0，相当于开路，如图 5-30（b）所示。电路的响应为零输入响应，则电容电压为

$$u_C=u_C(0_+)\mathrm{e}^{-\frac{t}{\tau}}=\frac{1}{C}\mathrm{e}^{-\frac{t}{\tau}}\varepsilon(t)$$

式中，$\tau=RC$ 为时间常数。

一阶 RL 电路的冲激响应与 RC 电路类似，不再叙述。

应用运算法求解冲激响应

本 章 小 结

当含有电容或电感的动态电路发生变化时，通常由于电容或电感的能量不能跳变，会经历一段时间才能进入新的稳定状态。根据动态元件的微分 VCR 表达式，电路方程为微分方程，电路的阶数由微分方程的阶数决定。电容和电感满足换路定则，在换路瞬间电容的电压和电感的电流不能突变，但响应需遵循基尔霍夫定律，一定会有其他响应发生跳变，可通过作 0_+ 等效电路得到其他响应的初始值。直流一阶电路的响应按照指数规律变化，不

必通过解微分方程的经典法求解，可以应用三要素法直接列写响应函数。

过渡过程变化的快慢通过时间常数来描述，RC 电路和 RL 电路的时间常数表达式不同，过渡过程的长短和电路的结构与参数有关，时间常数中的电阻为从动态元件两端看进去的戴维南等效电阻，可认为经过 $3\tau\sim5\tau$ 时间电路即进入新稳态。

动态电路通常有两个稳定阶段，一个是换路前，另一个是换路后过渡过程结束电路进入新的稳定状态。在直流电路中，稳态时电容相当于开路，电感相当于短路，稳态值的计算相对简单。

动态元件无初始储能，激励使电容或电感获得储能的响应为零状态响应；动态元件初始储能释放掉的响应为零输入响应；动态元件有初始储能，激励使储能发生改变的响应为全响应。直流一阶电路的三种响应都可以应用三要素公式得到。

电路的响应从稳定状态的角度可以看作稳态分量和暂态分量的叠加；从激励的角度可以看作强制分量和自由分量的叠加；从响应的角度，则可以看作零状态响应和零输入响应的叠加。

利用动态元件电压和电流的微分关系，当电路的时间常数和信号周期满足一定的关系时，RC 电路可实现信号的微分或积分运算。

动态元件无初始储能时，在单一阶跃激励或单一冲激激励作用下产生的响应称为阶跃响应或冲激响应。从响应的角度看，两种响应都属于零状态响应，但冲激响应的过渡过程实际上是零输入响应。

冲激函数作用下的电路或高阶动态电路通过微分方程求解较复杂，应用拉普拉斯变换的运算法是处理这类电路的最佳途径。

思 考 题

5-1　电路中为什么会出现过渡过程？

5-2　动态电路的阶数如何确定？

5-3　什么时刻电路中的响应可能发生跳变？

5-4　换路定则的内容是什么？满足换路定则的条件是什么？

5-5　一阶电路的响应函数有何共同特点？

5-6　如何判断动态电路的响应类型？

5-7　过渡过程的快慢和哪些参数有关？

5-8　应用 RC 电路可实现哪些信号的运算？需满足什么条件？

5-9　什么是动态电路的阶跃响应和冲激响应？

5-10　二阶及以上的高阶动态电路应如何分析计算？

习 题

5-1　换路前电路处于稳定状态，判断题 5-1 图的电路中，是否满足换路定则？

5-2　电路如题 5-2 图所示，计算电容的电压。

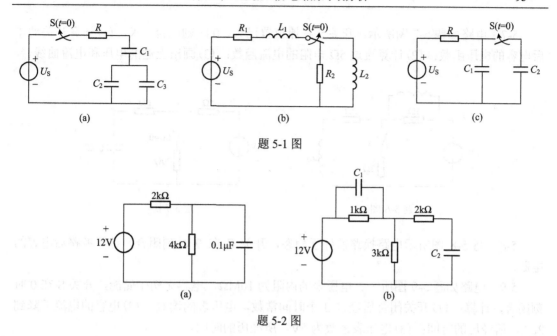

题 5-1 图

题 5-2 图

5-3　电路如题 5-3 图所示，计算流过电感的电流。

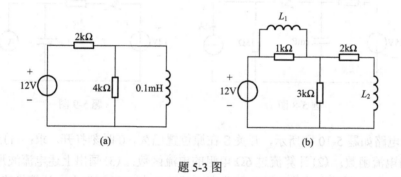

题 5-3 图

5-4　电路如题 5-4 图所示，换路前电路处于稳定状态，电容没有储能，计算电容电流的初始值。

5-5　电路如题 5-5 图所示，开关 S 在 0 时刻打开，计算电容电流的初始值。

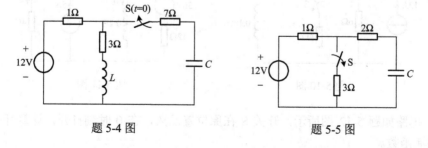

题 5-4 图　　　　　　　　　　　　题 5-5 图

5-6　电路如题 5-6 图所示，开关 S 在 0 时刻闭合，计算流过 3Ω 电阻的电流初始值。

5-7　电路如题 5-7 图所示，开关 S 在原位置已久，0 时刻闭合。求：(1)计算开关动作后电容的电压函数；(2)计算流过 5Ω 电阻的电流函数；(3)画出上述的电压和电流曲线。

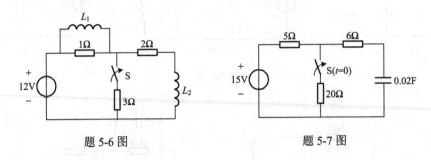

题 5-6 图　　　　　　　　题 5-7 图

5-8　题 5-8 图所示电路换路前处于稳态，开关 S 在 0 时刻闭合，计算换路后电容的电压。

5-9　电路如题 5-9 图所示。电压表的内阻为 10MΩ，电容无初始储能，开关 S 在 0 时刻闭合，计算：(1)开关闭合后经过 3 个时间常数，电压表的读数；(2)电容的电流下降到 2μA，所经历的时间；(3)电压表读数为 5V，所经历的时间。

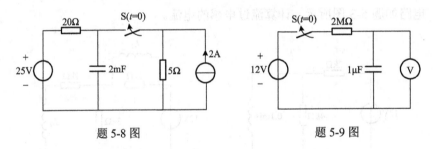

题 5-8 图　　　　　　　　题 5-9 图

5-10　电路如题 5-10 图所示，开关 S 在原位置已久，0 时刻打开。求：(1)计算开关动作后电感的电流函数；(2)计算流过 6Ω 电阻的电流函数；(3)画出上述电流波形。

5-11　题 5-11 图的电路换路前处于稳态，开关 S 在 0 时刻闭合，计算换路后的电流 i_L 和 i_1。

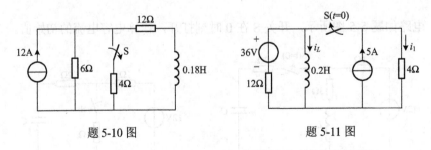

题 5-10 图　　　　　　　　题 5-11 图

5-12　电路如题 5-12 图所示，开关 S 在原位置已久，在 0 时刻打开，计算开关动作后电感的电流函数。

5-13　题 5-13 图所示电路换路前处于稳态，在 0 时刻开关闭合。计算：(1)经过 3 个时间常数，电感的电流值；（2）电感电流达到 2A 所需时间；（3）电感电压下降到最大值的一半所需时间。

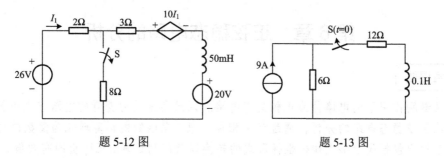

题 5-12 图　　　　　　　　　　　题 5-13 图

5-14　电路如题 5-14 图所示，开关 S 在原位置已久，在 0 时刻打开，计算开关动作后电容的电压函数。

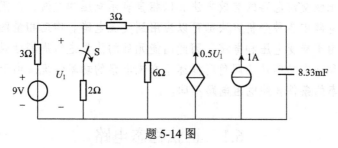

题 5-14 图

5-15　题 5-15 图所示电路换路前开关 S 在位置 1，电容没有储能，开关 S 在 0 时刻接至位置 2，40ms 后接至位置 3，求换路后的电容电压。

5-16　题 5-16 图所示电路换路前开关 S 在位置 1 停留已久，开关 S 在 0 时刻接至位置 2，0.1s 后接回位置 1，求换路后的电感电流。

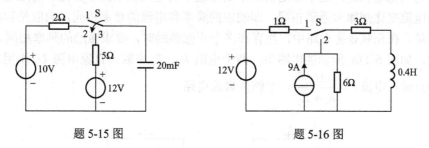

题 5-15 图　　　　　　　　　　　题 5-16 图

5-17　题 5-17 图(a)中，u 的波形如题 5-17 图(b)所示，求电压 $u_C(t)$。

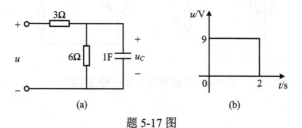

(a)　　　　　　　　　(b)

题 5-17 图

第6章　正弦稳态电路的分析

本章提要

正弦激励作用下的电路称为正弦交流电路。以三角函数为变量的电路方程不易求解。本章讨论正弦稳态电路的分析，通过定义相量，把三角函数的运算转化为复数的运算。复数的基础知识包括代数形式和极坐标形式的转换以及四则运算。正弦量的有效值、最大值，以及有效值相量和最大值相量，在交流电路分析中经常使用，需了解其相互的区别和联系。以相量形式表示的基尔霍夫定律和无源元件 VCR 表达式，是进行交流电路分析的基础，相量法是分析计算正弦交流电路的有效方法。以相量表示电压和电流，以阻抗或导纳表示元件的参数，直流电路中各种分析方法都可以应用到交流电路。借助相量图可进行一些证明和定性的计算。由于交变电压和电流，因此储能元件的能量进行周期性吸收和释放，有功功率、无功功率和视在功率从不同角度描述了交流电路的功率情况。由于负载为阻抗，故负载得到最大功率的条件和纯电阻电路不同。

6.1　正弦稳态电路

正弦交流电源是除了直流电源之外，另一种常见的电源。正弦交流电由于产生方便，易于传输、变化平滑，在生活和生产中得到了广泛的应用。在电子技术中，正弦电压和电流也是最基本的信号形式。即使电路发生变化，经过一定时间后，正弦交流激励作用下的电路也将达到稳定状态。这个稳定状态不是电路中的电压和电流不变化，而是电路中产生的电压和电流变化规律和激励相同，即响应的频率和电源的频率相同，响应是和激励同频率的正弦量。在正弦稳态电路中，当存在多个正弦激励时，要求激励的频率相同。

例如，如图 6-1(a) 所示的电路中，两个电阻 R_1、R_2 串联，直流电源 U_S 作用所产生的电流也为直流，电流 $I = \dfrac{U_S}{R_1 + R_2}$，电路为直流电路。

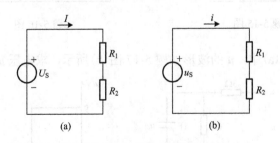

图 6-1　直流电路与正弦稳态电路

若电源的激励是正弦交流的形式，$u_S = U_m \cos \omega t$，如图 6-1（b）所示，该电路则为正弦交流电路，也简称为交流电路。由于基尔霍夫定律与激励的形式无关，根据串联的特点以及电阻的 VCR 表达式，可以得到产生的电流 $i = \dfrac{u_S}{R_1 + R_2} = \dfrac{U_m}{R_1 + R_2} \cos \omega t$，电流响应是和激励同频率的正弦电流。

如果把图 6-1 所示电路中的一个电阻换成电感，直流激励作用下的直流电路如图 6-2（a）所示；交流电源 $u_S = U_m \cos \omega t$ 作用的交流电路如图 6-2（b）所示。

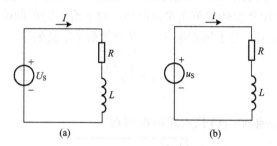

(a)　　　　　　　　　　(b)

图 6-2　电阻和电感串联电路

两个电路的电路方程的形式是一样的，分别为

$$U_S = RI + L \frac{\mathrm{d}I}{\mathrm{d}t} \tag{6.1}$$

$$u_S = Ri + L \frac{\mathrm{d}i}{\mathrm{d}t} \tag{6.2}$$

在直流电路中，由于电路是稳定的，电流恒定不变，$\dfrac{\mathrm{d}I}{\mathrm{d}t} = 0$，电感两端电压等于 0，$I = \dfrac{U_S}{R}$。

在交流电流中，由于电流变化，$\dfrac{\mathrm{d}i}{\mathrm{d}t} \neq 0$，微分方程 $Ri + L \dfrac{\mathrm{d}i}{\mathrm{d}t} = U_m \cos \omega t$ 的特解即为电路的稳态解，稳态电流 i 是和激励同频率的正弦量。

从以上的分析可以看出，不同形式的电源作用在相同的电路上，电路方程在形式上是一样的；激励不同，产生的响应形式也不同。

6.2　正弦电压和电流

凡是按正弦（或余弦）规律随时间做周期变化的电压、电流，都称为正弦电压、正弦电流，统称为正弦量。正弦量可以用正弦函数表示，也可以用余弦函数表示。本书中默认用余弦函数表示正弦量。

6.2.1　正弦量的三个特征值

电流 i 如果按照正弦规律变化，其数学表达形式为

$$i = I_{\mathrm{m}} \cos(\omega t + \varphi_i) \tag{6.3}$$

式 (6.3) 中的三个常数 I_{m}、ω 和 φ_i，分别为振幅、角频率和初相位，称为正弦量的三个特征值。

振幅是正弦量在变化过程中达到的最大值，振幅也称作最大值。由于最大值为常数，故用大写的 U 或 I 加下标 m 来表示。

在讨论正弦量的时候通常用到有效值的概念。周期量的有效值等于它的瞬时值平方在一个周期内积分的平均值取算术平方根，因此有效值又称为均方根值，可以简写为 rms (Root Mean Square)，即三个运算步骤的英文单词缩写。对于给定的周期函数，其有效值为常数，用相对应的大写字母表示。对于周期电流 i，其有效值 I 定义如下：

$$I = \sqrt{\frac{1}{T} \int_0^T i^2 \mathrm{d}t} \tag{6.4}$$

式中，T 为周期。

将正弦电流 $i = I_{\mathrm{m}}\cos(\omega t + \varphi_i)$ 代入式 (6.4) 可得

$$I = \sqrt{\frac{1}{T} \int_0^T I_{\mathrm{m}}^2 \cos^2(\omega t + \varphi_i) \mathrm{d}t}$$

因为

$$\int_0^T \cos^2(\omega t + \varphi_i) \mathrm{d}t = \int_0^T \frac{1 + \cos 2(\omega t + \varphi_i)}{2} \mathrm{d}t = \frac{T}{2}$$

所以

$$I = \sqrt{\frac{1}{T} I_{\mathrm{m}}^2 \frac{T}{2}} = \frac{I_{\mathrm{m}}}{\sqrt{2}} \approx 0.707 I_{\mathrm{m}}$$

即

$$I_{\mathrm{m}} = \sqrt{2} I \tag{6.5}$$

由于交流电压表、电流表的读数，以及交流设备铭牌上额定电压和额定电流标注的数字都是有效值，因此在实际中有效值更常用。我国的民用电压为 220V，指的就是有效值。经常提到的 380V 也是有效值，该值可看作 220 的 $\sqrt{3}$ 倍，是三相照明电路的线电压。

从应用的角度，把正弦量的振幅用有效值来表示更符合习惯，则式 (6.3) 可写为

$$i = \sqrt{2} I \cos(\omega t + \varphi_i) \tag{6.6}$$

角频率反映了正弦量的变化快慢，它是正弦量的相角或相位 $\omega t + \varphi_i$ 随时间变化的速度，单位是 rad/s (弧度/秒)。角频率 ω 与周期 T 和频率 f 的关系为

$$\omega T = 2\pi, \quad \omega = 2\pi f, \quad f = \frac{1}{T}$$

讨论周期函数变化的快慢通常使用频率，频率的单位为 Hz (赫兹，简称赫)。工业用电的频率称为工频，我国的工频为 50Hz，对应的角频率为 314rad/s，周期为 20ms。频率是正弦量一个重要的特征值，是交流电路最显著的特点。

初相位，也称初相，φ_i 是正弦量在 $t = 0$ 时刻的相位，初相的单位用弧度或度表示，通

常在主值范围内取值，即 $|\varphi_i| \leqslant 180°$。$\varphi_i$ 的大小与计时起点的选择有关。

正弦量的三个特征值是正弦量之间进行比较和区分的依据。

说明： 正弦量的相位 $\omega t + \varphi_i$ 中 ω 的单位是弧度/秒，ωt 为弧度，φ_i 也为弧度。角度具有很好的直观性，在习惯上更易被接受。一个角的正弦、余弦或正切以及反函数的计算，需要借助于计算器。使用计算器时，要注意选择的是 DEG(角度)还是 RAD(弧度)。

6.2.2　两个正弦量的比较

两个正弦量可以比较大小、比较频率，在频率相同的情况下，还可以比较相位。

两个同频率正弦量的相位之差称为相位差，用 φ 表示。设两个同频率的正弦电压和电流分别为

$$u = U_{\mathrm{m}} \cos(\omega t + \varphi_u)$$
$$i = I_{\mathrm{m}} \cos(\omega t + \varphi_i)$$

它们的相位差为

$$\varphi = (\omega t + \varphi_u) - (\omega t + \varphi_i) = \varphi_u - \varphi_i \tag{6.7}$$

由于频率相同，它们的相位差等于它们的初相之差。相位差在主值范围取值。

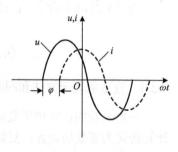

如果 $\varphi > 0$，说明电压 u 比电流 i 先达到正的最大值，称电压 u 超前电流 i，超前的角度为 φ，如图 6-3 所示，当然也可以说电流 i 滞后电压 u；

如果 $\varphi < 0$，称电压 u 滞后电流 i；

如果 $\varphi = 0$，称电压 u 和电流 i 为同相位，即同相，同相时，电压 u 和电流 i 同时达到正的最大值，也同时达到负的最大值；

图 6-3　u 超前 i

如果 $|\varphi| = \dfrac{\pi}{2}$，称电压 u 和电流 i 正交；

如果 $|\varphi| = \pi$，称电压 u 和电流 i 为反相。

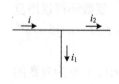

图 6-4　例 6-1 图

【例 6-1】 如图 6-4 所示的结构，已知两条支路的电流为

$$i_1 = 8\sqrt{2} \cos(\omega t + 60°)\mathrm{A}$$
$$i_2 = 6\sqrt{2} \cos(\omega t - 30°)\mathrm{A}$$

计算第三条支路的电流 i。

解　根据 KCL，第三条支路的电流为

$$i = i_1 + i_2 = 8\sqrt{2}\cos(\omega t + 60°) + 6\sqrt{2}\cos(\omega t - 30°)$$

根据三角函数公式，可得

$$i = 8\sqrt{2}(\cos\omega t \cos 60° - \sin\omega t \sin 60°) + 6\sqrt{2}[\cos\omega t \cos(-30°) - \sin\omega t \sin(-30°)]$$
$$= \left[8\sqrt{2}\cos 60° + 6\sqrt{2}\cos(-30°)\right]\cos\omega t - \left[8\sqrt{2}\sin 60° + 6\sqrt{2}\sin(-30°)\right]\sin\omega t$$
$$= \sqrt{2}(9.197\cos\omega t - 3.928\sin\omega t)$$

令

$$r = \sqrt{9.197^2 + 3.928^2} = 10$$

$$\theta = \arctan \frac{3.928}{9.197} = 23.1°$$

则

$$i = \sqrt{2}(r\cos\theta\cos\omega t - r\sin\theta\sin\omega t) = r\sqrt{2}\cos(\omega t + \theta)$$
$$= 10\sqrt{2}\cos(\omega t + 23.1°)\text{A}$$

由本例可得出，从电路的角度来看，问题很简单，根据 KCL，直接可得 $i = i_1 + i_2$。其他的过程都是数学计算。

电路分析分两步：第一步是根据电路的结构和元件参数列电路方程；第二步是计算求解。直流电路的求解主要是在实数范围内计算，即使是多变量的方程联立，求解相对也不太复杂。交流电路的求解涉及三角函数的计算，包括一些三角函数的公式和变换，如何避开复杂的三角函数计算，是分析交流电路前必须要解决的问题。

交流电路的分析中，往往第二步花费的时间较多，计算时用了很长时间，却经常算错。

6.3　正弦交流电路的相量法

6.3.1　复数的表示方法和四则运算

三角函数的计算过于复杂，正弦交流电路的分析和计算采用相量法，即把三角函数的计算转化为复数的计算。复数的相关知识是应用相量法分析交流电路的基础。

电路分析中使用字母 i 来表示电流。为了避免混淆，在电路分析中，虚数单位用字母 j 来表示，即 $j^2 = -1$。工程上表示复数时，把虚数单位放在虚部前面。如数学中的复数 3+4i，在电路分析中要写成 3+j4 的工程形式。

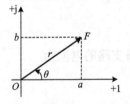

一个复数有多种表示形式：$a+jb$ 称为复数的代数形式；$re^{j\theta}$ 称为复数的指数形式；$r\angle\theta$ 称为复数的极坐标形式。电路分析中，复数常用代数形式和极坐标形式来表示。复数还可以用复平面上的有向线段表示，如图 6-5 所示的复数 F。$F = a + jb = re^{j\theta} = r\angle\theta$。

图 6-5　复平面上的有向线段　　代数形式中，a 称为复数的实部(Real Part)；b 称为复数的虚部(Imaginary Part)。Re 和 Im 分别表示对一个复数取实部和虚部，即

$$\text{Re}[F] = a , \quad \text{Im}[F] = b$$

指数形式和极坐标形式中的 r 称为复数的模；θ 称为复数的辐角。几个参数的关系如下：

$$\begin{array}{l} r = \sqrt{a^2 + b^2} \\ \theta = \arctan b/a \\ a = r\cos\theta \\ b = r\sin\theta \end{array} \tag{6.8}$$

根据欧拉公式：

$$e^{j\theta} = \cos\theta + j\sin\theta \tag{6.9}$$

有

$$r\angle\theta = re^{j\theta} = r(\cos\theta + j\sin\theta) = r\cos\theta + jr\sin\theta$$

在第一、四象限的有向线段，从复数的代数形式 $a+jb$ 转化为极坐标 $r\angle\theta$ 时，辐角的计算可以直接使用转换公式 $\theta = \arctan\dfrac{b}{a}$。

如果有向线段在第二、三象限，直接使用转换公式 $\arctan\dfrac{b}{a}$ 将得出错误的结论，需要变换到相应的象限。如 $-3+j4$，虽然 $\arctan\dfrac{b}{a} = \arctan\dfrac{4}{-3} = -53.1°$，但该复数位于第二象限，辐角应为 $126.9°$，则 $-3+j4 = 5\angle126.9°$。

$3+j4$ 和 $4+j3$ 是计算中常见的复数，模都是 5，幅角分别为 $53.1°$ 和 $36.9°$，应记住。$\pm3\pm j4$、$\pm4\pm j3$ 以及它们的整数倍也在计算中常见。

说明： 由于计算机文字符号的顺序输入，"$\angle$" 符号和后面的辐角依次排列，手写时应把横线画得长一些，把辐角写在角符号里面。

现在的计算器功能越来越丰富，科学计算器可以进行包括三角函数等通用函数的计算。具有坐标变换功能(即带有 **Pol** 和 **Rec** 功能键)的计算器可以快速进行代数形式和极坐标形式的转换，当然如果具有复数计算功能，会更方便。

$e^{j\theta}$ 称为旋转因子，其模为 1，辐角为 θ。一个复数 F 乘以旋转因子 $e^{j\theta}$，相当于把 F 沿逆时针转过 θ 角，模不变。由欧拉公式可以得出

$$e^{j\frac{\pi}{2}} = j$$

$$e^{-j\frac{\pi}{2}} = -j = \frac{1}{j}$$

$$e^{j\pi} = -1$$

即一个复数 F 乘以 j，相当于把 F 逆时针旋转 $90°$；复数 F 除以 j 或乘以 $-j$，相当于把 F 顺时针旋转 $90°$；复数 F 取相反数，相当于把 F 反向，即顺时针或逆时针旋转 $180°$。因此，j、$-j$ 和 -1 都是旋转因子。

复数的四则运算中，加法和减法使用代数形式，实部相加减，虚部相加减。复数的乘法和除法应使用极坐标形式，模相乘除，辐角相加减。

设 $F_1 = a_1 + jb_1 = r_1\angle\theta_1, F_2 = a_2 + jb_2 = r_2\angle\theta_2$，则

$$F_1 \pm F_2 = (a_1 + jb_1) \pm (a_2 + jb_2) = (a_1 \pm a_2) + j(b_1 \pm b_2)$$

$$F_1 \cdot F_2 = r_1\angle\theta_1 \cdot r_2\angle\theta_2 = r_1 \cdot r_2\angle(\theta_1 + \theta_2) \tag{6.10}$$

$$\frac{F_1}{F_2} = \frac{r_1\angle\theta_1}{r_2\angle\theta_2} = \frac{r_1}{r_2}\angle(\theta_1 - \theta_2)$$

注意： 虽然复数的乘法和除法也可以使用代数形式，但是使用极坐标形式会更方便。

两个复数相加要遵循平行四边形原则，两个复数的和为平行四边形的对角线，如图 6-6

所示。

两个复数相减，差为连接减数和被减数顶点的有向线段，指向被减数。习惯上有向线段从原点出发，通过平移可以得到两个复数的差所对应的有向线段，如图 6-7 所示。

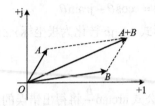　　　　　　　　　　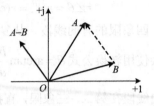

图 6-6　复数相加的几何意义　　　　　图 6-7　复数相减的几何意义

【例 6-2】　已知 $A = 10\angle 45°$，$B = -4 + \mathrm{j}3$，计算 $A + B$、$A - B$、AB、A/B，并把结果化为极坐标形式。

解　由于要进行加减乘除四种运算，分别写出两个复数的代数形式和极坐标形式。
$$A = 10\angle 45° = 10(\cos 45° + \mathrm{j}\sin 45°) = 7.07 + \mathrm{j}7.07$$
$$B = -4 + \mathrm{j}3 = 5\angle 143.1°$$

于是可得到
$$A + B = (7.07 + \mathrm{j}7.07) + (-4 + \mathrm{j}3) = 3.07 + \mathrm{j}10.07 = 10.53\angle 73.0°$$
$$A - B = (7.07 + \mathrm{j}7.07) - (-4 + \mathrm{j}3) = 11.07 + \mathrm{j}4.07 = 11.8\angle 20.2°$$
$$AB = 10\angle 45° \times 5\angle 143.1° = 50\angle 188.1° = 50\angle -171.9°$$
$$\frac{A}{B} = \frac{10\angle 45°}{5\angle 143.1°} = 2\angle -98.1°$$

复数的计算和形式的转换需要熟练，这是分析计算正弦交流电路应具备的基础知识。

6.3.2　正弦电压和电流的相量

如果令 $\theta = \omega t$，可得复指函数：
$$\mathrm{e}^{\mathrm{j}\theta} = \mathrm{e}^{\mathrm{j}\omega t} = \cos \omega t + \mathrm{j}\sin \omega t \tag{6.11}$$
则
$$\cos \omega t = \mathrm{Re}\left[\mathrm{e}^{\mathrm{j}\omega t}\right]$$
$$\sin \omega t = \mathrm{Im}\left[\mathrm{e}^{\mathrm{j}\omega t}\right]$$

即该复指函数的实部为余弦函数，虚部为正弦函数。说明每个三角函数都会对应一个复指函数。

设
$$i(t) = I_{\mathrm{m}}\cos(\omega t + \varphi)$$

则该电流函数对应的复指函数为
$$I_{\mathrm{m}}\mathrm{e}^{\mathrm{j}(\omega t + \varphi)}$$

于是有

$$i(t) = \operatorname{Re}\left[I_{\mathrm{m}} \mathrm{e}^{\mathrm{j}(\omega t + \varphi)} \right] = \operatorname{Re}\left[I_{\mathrm{m}} \mathrm{e}^{\mathrm{j}\omega t} \mathrm{e}^{\mathrm{j}\varphi} \right] = \operatorname{Re}\left[I_{\mathrm{m}} \mathrm{e}^{\mathrm{j}\varphi} \mathrm{e}^{\mathrm{j}\omega t} \right] \tag{6.12}$$

式 (6.12) 中的常数 $I_{\mathrm{m}} \mathrm{e}^{\mathrm{j}\varphi}$ 是一个以指数形式表示的复数。该复数包含正弦电流 i 的最大值和初相两个特征值，由于模为正弦电流 i 的最大值，因此该复数称为正弦电流 i 的最大值相量，记作 $\dot{I}_{\mathrm{m}}$，并用极坐标的形式表示，即 $\dot{I}_{\mathrm{m}} = I_{\mathrm{m}} \angle \varphi$。若正弦电流 i 的相量是以有效值作为模，则称其为有效值相量，记为 $\dot{I} = I \angle \varphi$。两个相量的关系为

$$\dot{I}_{\mathrm{m}} = \sqrt{2}\,\dot{I} \tag{6.13}$$

电压也可以用同样的形式来表示。只有正弦电压和电流才有对应的相量，相量的本质是一个复数，因其为常数，故符号用相应的大写字母 U 或 I 表示，并且在字母上加一个点，表明该数值除了大小还包含正弦量的相位值。

注意：相量和正弦量不是相等的关系，二者是一一对应的关系，不能划等号。

说明：正弦量既可以使用有效值相量表示，也可以使用最大值相量表示。因为交流电表的读数为有效值，所以通常应使用有效值相量。但在计算过程中，应根据已知条件，以求解简便为原则合理选用相应的形式。例如，已知条件给出 $u = 100\cos \omega t$，应使用最大值相量；给出 $u = 100\sqrt{2}\cos \omega t$，应使用有效值相量。

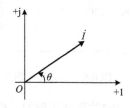

图 6-8　正弦量的相量图

相量是一个复数，它在复平面上的图形称为相量图，如图 6-8 所示。

有了相量的定义后，再来看例 6-1：

$$i_1 = 8\sqrt{2}\cos(\omega t + 60°)\mathrm{A}$$
$$i_2 = 6\sqrt{2}\cos(\omega t - 30°)\mathrm{A}$$

则

$$\dot{I}_1 = 8\angle 60° = 8\mathrm{e}^{\mathrm{j}60°}\mathrm{A}$$
$$\dot{I}_2 = 6\angle -30° = 6\mathrm{e}^{-\mathrm{j}30°}\mathrm{A}$$
$$i = i_1 + i_2 = 8\sqrt{2}\cos(\omega t + 60°) + 6\sqrt{2}\cos(\omega t - 30°)$$
$$= \operatorname{Re}\left[\sqrt{2}\dot{I}_1 \mathrm{e}^{\mathrm{j}\omega t} \right] + \operatorname{Re}\left[\sqrt{2}\dot{I}_2 \mathrm{e}^{\mathrm{j}\omega t} \right]$$
$$= \operatorname{Re}\left[\sqrt{2}(\dot{I}_1 + \dot{I}_2)\mathrm{e}^{\mathrm{j}\omega t} \right]$$
$$= \operatorname{Re}\left[\sqrt{2}(10\mathrm{e}^{\mathrm{j}23.1°})\mathrm{e}^{\mathrm{j}\omega t} \right]$$
$$= 10\sqrt{2}\cos(\omega t + 23.1°)\mathrm{A}$$

由于 $\dot{I} = 10\mathrm{e}^{\mathrm{j}23.1°}\mathrm{A}$，则有

$$\dot{I} = \dot{I}_1 + \dot{I}_2 \tag{6.14}$$

通过上面的计算可以看出，同频率正弦量相加，可以通过计算对应的相量和，得到最后的结果，计算过程大大简化。

同频正弦量的代数和，正弦量的微分、积分等运算，其结果仍为同一频率的正弦量。

正弦量的这个性质为应用相量求解正弦交流电路提供了基础。

正弦交流电路的分析不要受复数的干扰，应先从电路的结构入手，分析电路的整体连接关系，列出电路的相应方程；然后根据方程计算响应，计算过程中涉及复数的基础知识，即复数不同表示形式的转换和加减乘除四则运算，需要耐心细致。

正弦量的
相关表达式

注意：相量的规范形式为极坐标形式。极坐标的模和辐角分别对应正弦量的有效值(或最大值)和初相位。虽然数学上，一个复数的代数形式和极坐标形式是相等的，但是代数形式中的实部和虚部不能直接反映正弦量的特征。当然在计算过程中，根据需要可转化为代数形式。

正弦交流电路的计算应用相量法，相量的加减不是数量的加减。正弦交流电路中的测量结果为电压和电流的有效值。

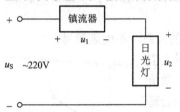

图 6-9　日光灯电路示意图

例如，40W 的日光灯串联镇流器接到 220V 的交流电源，如图 6-9 所示。使用电压表分别测得三个电压：电源电压 220V(U_S)、镇流器电压 170V(U_1)、日光灯管电压 100V(U_2)。根据 KVL，镇流器的电压+灯管的电压 = 电源的电压，但是显然 170+100≠220。

KVL 描述的电压关系是电压的代数和，$u_1 + u_2 = u_S$，即电压的瞬时值关系。相量法中，如果 KCL 或 KVL 瞬时值的关系是正确的，把瞬时值换成相量，那么表达式也是正确的，即 $\dot{U}_1 + \dot{U}_2 = \dot{U}_S$ 成立；但是换成有效值通常是错误的，$U_1 + U_2 \neq U_S$。

注意：正弦交流电路中，表示电压和电流的各个符号代表不同的含义，如果不注意区分，计算时将导致错误的结果。

6.3.3　电路定律和无源元件 VCR 的相量形式

无论是直流电路还是交流电路，基尔霍夫定律都是适用的；电阻、电感和电容三个无源元件的 VCR 不因激励的变化而改变。同频正弦激励作用下的正弦稳态电路中，各支路电压和电流响应都是同频正弦量。相量是简化交流电路计算最有效的工具。有了基尔霍夫定律的相量形式，同时得到描述无源元件 VCR 的相量形式，就可以方便地对正弦稳态电路进行分析。

KCL 和 KVL 的瞬时值形式分别为 $\sum i = 0$，$\sum u = 0$。在正弦稳态电路中，同频正弦电压和或电流和，可以通过相应的相量和得到，于是基尔霍夫定律的相量形式为

$$\sum \dot{I} = 0$$
$$\sum \dot{U} = 0 \tag{6.15}$$

设电阻的电压和电流为关联参考方向，如图 6-10 所示。

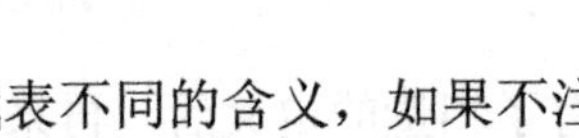

当 $i = \sqrt{2}I\cos(\omega t + \varphi_i)$ 时，有

图 6-10　电阻电压和电流为关联参考方向

$$u = Ri = \sqrt{2}RI\cos(\omega t + \varphi_i) \tag{6.16}$$

从式(6.16)可以看出，电阻的电压为和电流同频率的正弦量，电压有效值是电流乘以 R，

电压和电流同相。令 $u = \sqrt{2}U\cos(\omega t + \varphi_u)$，则有

$$U = RI$$

$$\varphi_u = \varphi_i$$

可得到电阻元件 VCR 的相量形式：

$$\dot{U} = R\dot{I} \qquad\qquad (6.17)$$

设电感的电压和电流为关联参考方向，如图 6-11 所示。

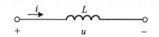

图 6-11　电感电压和电流为关联参考方向

当 $i = \sqrt{2}I\cos(\omega t + \varphi_i)$ 时，有

$$u = L\frac{\mathrm{d}i}{\mathrm{d}t} = L\frac{\mathrm{d}\left[\sqrt{2}I\cos(\omega t + \varphi_i)\right]}{\mathrm{d}t} = \sqrt{2}\omega LI\cos\left(\omega t + \varphi_i + \frac{\pi}{2}\right) \qquad (6.18)$$

从式(6.18)可以看出，正弦量的微分仍为同频率的正弦量。式(6.18)中的 ωLI 为电感电压的有效值，表明在电流一定的情况下，电压不仅和电感量有关，还和频率有关；$\varphi_i + \frac{\pi}{2}$ 为电感电压的初相，表明电压超前电流 90°。

令 $u = \sqrt{2}U\cos(\omega t + \varphi_u)$，则有

$$U = \omega LI$$

$$\varphi_u = \varphi_i + \frac{\pi}{2}$$

可得到电感元件 VCR 的相量形式：

$$\dot{U} = \mathrm{j}\omega L\dot{I} \qquad\qquad (6.19)$$

式(6.19)中的 ωL 表明了电压和电流有效值的关系；j 表明了二者相位的关系，乘以旋转因子 j 相当于把电流相量逆时针旋转 90°。

定义 ωL 为感抗，从式(6.19)可看出感抗的单位为 Ω，它反映了电感元件对电流的阻碍作用。感抗和电流的频率成正比，频率足够高时，电感相当于开路。

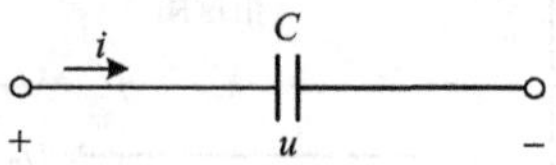

设电容的电压和电流为关联参考方向，如图 6-12 所示。

图 6-12　电容电压和电流为关联参考方向

当 $u = \sqrt{2}U\cos(\omega t + \varphi_u)$ 时，有

$$i = C\frac{\mathrm{d}u}{\mathrm{d}t} = C\frac{\mathrm{d}\left[\sqrt{2}U\cos(\omega t + \varphi_u)\right]}{\mathrm{d}t} = \sqrt{2}\omega CU\cos\left(\omega t + \varphi_u + \frac{\pi}{2}\right) \qquad (6.20)$$

从式(6.20)可以看出，在正弦电压作用下，电容的电流仍为和电压同频率的正弦量。式(6.20)中的 ωCU 为电容电流的有效值，表明在电压一定的情况下，电流不仅和电容量有关，还和频率有关；$\varphi_u + \frac{\pi}{2}$ 为电容电流的初相，表明电流超前电压 90°。

令 $i = \sqrt{2}I\cos(\omega t + \varphi_i)$，则有

$$I = \omega C U$$

$$\varphi_i = \varphi_u + \frac{\pi}{2}$$

可得到电容元件 VCR 的相量形式：

$$\dot{I} = j\omega C \dot{U} \tag{6.21}$$

若用电流来表示电压，则式(6.21)变为

$$\dot{U} = \frac{1}{j\omega C} \dot{I} = -j\frac{1}{\omega C} \dot{I} \tag{6.22}$$

式(6.22)中的 $\frac{1}{\omega C}$ 表明了电压和电流有效值的关系；$\frac{1}{j}$（或 $-j$）表明了二者相位的关系，除以旋转因子 j 相当于把电流相量顺时针旋转 $90°$。于是有

$$U = \frac{1}{\omega C} I$$

$$\varphi_u = \varphi_i - \frac{\pi}{2}$$

定义 $\frac{1}{\omega C}$ 为容抗，其单位为 Ω，它反映了电容元件对电流的阻碍作用。容抗随电流的频率升高而减小，当频率足够高时，电容相当于短路。有时也定义 $-\frac{1}{\omega C}$ 为容抗。

表 6-1 为三个无源元件的 VCR 表达式和相量图，电压和电流为默认的关联参考方向。电阻 VCR 表达式的相量和瞬时值在形式上相同，而电感和电容的瞬时值形式和相量形式完全不同，使用时要注意区分。在交流电路中，相量形式 VCR 同时包含电压与电流的大小和相位两方面的关系。

表 6-1　三个无源元件的 VCR 表达式和相量图

无源元件	VCR		相量图
	瞬时值	相量值	
R	$u = Ri$	$\dot{U}_R = R\dot{I}_R$	$\dot{U}_R$ $\dot{I}_R$
L	$u = L\dfrac{\mathrm{d}i}{\mathrm{d}t}$	$\dot{U}_L = j\omega L\dot{I}_L$	$\dot{U}_L$ $\dot{I}_L$
C	$i = C\dfrac{\mathrm{d}u}{\mathrm{d}t}$	$\dot{U}_C = \dfrac{1}{j\omega C}\dot{I}_C$	$\dot{I}_C$ $\dot{U}_C$

在正弦交流电路中，通过定义正弦量的相量，列写相量形式的基尔霍夫定律方程，以及无源元件相量形式的 VCR 方程，对正弦稳态电路进行分析和计算的方法，称为相量法。相量法实际上是一种计算方法，对于得到的电路方程，把三角函数的计算转换为复数的计算。

【例 6-3】　电路如图 6-13(a)所示，已知 $u = 220\sqrt{2}\cos(314t + 30°)\text{V}$，$R = 5\Omega$，$L = 31.85\text{mH}$，$C = 637\mu\text{F}$，计算电流 i。

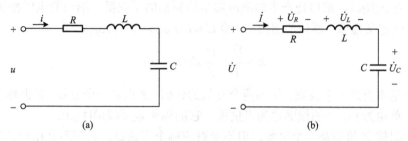

图 6-13　例 6-3 图

解　画出相量形式的电路图，如图 6-13 (b) 所示。根据 KVL，有

$$\dot{U} = \dot{U}_R + \dot{U}_L + \dot{U}_C$$

由于三个元件为串联关系，流过同一电流，把各元件的电压相量用电流相量表示，可得

$$\dot{U} = R\dot{I} + j\omega L\dot{I} - j\frac{1}{\omega C}\dot{I} = \left(R + j\omega L - j\frac{1}{\omega C}\right)\dot{I}$$

于是电流相量为

$$\dot{I} = \frac{\dot{U}}{R + j\omega L - j\dfrac{1}{\omega C}} \tag{6.23}$$

把已知条件代入式(6.23)，得

$$\dot{I} = \frac{220\angle 30°}{5 + j314 \times 31.85 \times 10^{-3} - j\dfrac{1}{314 \times 637 \times 10^{-6}}}$$

$$= \frac{220\angle 30°}{5 + j10 - j5} = \frac{220\angle 30°}{5 + j5} = \frac{220\angle 30°}{5\sqrt{2}\angle 45°} = 31.1\angle -15°(\text{A})$$

由于要求计算电流的瞬时值表达式，根据相量和正弦量的对应关系可得

$$i = 31.1\sqrt{2}\cos(314t - 15°)\text{A}$$

本例根据 KVL 方程，通过各元件 VCR，得出电流相量表达式，即式(6.23)。该式说明在串联电路中，总电流相量等于总电压相量除以串联元件总参数之和，和计算电阻电路的方法相同，这是由于引入了相量的概念，三个无源元件复数形式的参数量纲得到了统一。由此可以看出，在交流电路中也可以应用在直流电路中学习的分析方法，但电压和电流要采用相量的形式，无源元件的参数要转换为复数形式。

6.4　阻抗与导纳

6.4.1　阻抗与导纳的定义

由线性无源元件(如电阻、电感和电容)组成的无源一端口 N_0，如图 6-14(a)所示，当端口施加正弦激励时，端口处产生的响应将是同频率的正弦量。端口的电压相量 $\dot{U}$ 与电流相量 $\dot{I}$ 的比值定义为该一端口的阻抗 Z。令 $\dot{U}=U\angle\varphi_u$，$\dot{I}=I\angle\varphi_i$，则

$$Z=\frac{\dot{U}}{\dot{I}}=\frac{U}{I}\angle(\varphi_u-\varphi_i) \tag{6.24}$$

由于相量本身是一个复数，作为两个复数的比值，Z 也是一个复数，Z 也称为复数阻抗或复阻抗，单位为 Ω，Z 的模 $|Z|$ 称为阻抗模，它的辐角 φ_Z 称为阻抗角。

注意：阻抗 Z 虽然是一个复数，但不管对应哪个正弦量，它都不是相量，所以字母 Z 上不要加点。

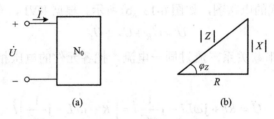

图 6-14　一端口的阻抗

由式(6.24)可知

$$|Z|=\frac{U}{I}, \quad \varphi_Z=\varphi_u-\varphi_i$$

阻抗 Z 如果使用代数形式来表示，则记为

$$Z=R+\mathrm{j}X \tag{6.25}$$

式(6.25)中，实部 $R=|Z|\cos\varphi_Z$ 为电阻，虚部 $X=|Z|\sin\varphi_Z$ 称为电抗。阻抗的实部、虚部和模之间的关系可用一个直角三角形表示，如图 6-14(b)所示，这个三角形称为阻抗三角形。

如果无源一端口用阻抗来等效，那么可以看作一个电阻和一个电抗的串联，如图 6-15(a)所示。电阻电压 $\dot{U}_R$ 和电流同相，U_R 称为电压 U 的有功分量，电抗电压 $\dot{U}_X$ 和电流有 $90°$ 的相位差，U_X 称为电压 U 的无功分量。电阻电压、电抗电压和端口电压构成一个直角三角形，称为电压三角形，如图 6-15(b)所示。电压三角形和阻抗三角形是相似的。

根据相量形式的 VCR 表达式，可以得到 R、L 和 C 三个无源元件的阻抗分别为

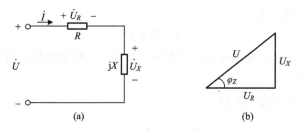

图 6-15　一端口的串联等效电路

$$Z_R = R$$
$$Z_L = \mathrm{j}\omega L \tag{6.26}$$
$$Z_C = \frac{1}{\mathrm{j}\omega C} = -\mathrm{j}\frac{1}{\omega C}$$

令 $X_L = \omega L$，称为感性电抗，即为感抗。令 $X_C = \dfrac{1}{\omega C}$，称为容性电抗，即为容抗。

阻抗 Z 写成代数形式更有实际意义，例如，一个一端口的等效阻抗为 $Z = 3 + \mathrm{j}4\,\Omega$，则该一端口可以看作一个 $3\,\Omega$ 的电阻和一个电抗为 $4\,\Omega$ 的电感串联。

电路的性质可以通过 Z 的阻抗角或电抗来判断，电路的性质有三种：

（1）当 $\varphi_Z > 0$，即 $X > 0$ 时，称电路显感性，Z 称为感性负载；

（2）当 $\varphi_Z < 0$，即 $X < 0$ 时，称电路显容性，Z 称为容性负载；

（3）当 $\varphi_Z = 0$，即 $X = 0$ 时，称电路显电阻性，Z 称为电阻性负载。

RLC 串联电路的阻抗为

$$Z = R + \mathrm{j}\left(\omega L - \frac{1}{\omega C}\right) \tag{6.27}$$

阻抗的模为

$$|Z| = \sqrt{R^2 + \left(\omega L - \frac{1}{\omega C}\right)^2} \tag{6.28}$$

阻抗角为

$$\varphi_Z = \arctan \frac{\omega L - \dfrac{1}{\omega C}}{R} \tag{6.29}$$

当感抗大于容抗时，电路显感性；感抗小于容抗时，电路显容性；若感抗和容抗相等，则电路显电阻性。

导纳定义为阻抗 Z 的倒数，用 Y 表示，即

$$Y = \frac{1}{Z} = \frac{\dot{I}}{\dot{U}} = \frac{I}{U}\angle(\varphi_i - \varphi_u) \tag{6.30}$$

Y 的模$|Y|$称为导纳模，它的辐角 φ_Y 称为导纳角，则

$$|Y| = \frac{I}{U}, \quad \varphi_Y = \varphi_i - \varphi_u$$

导纳 Y 的代数形式记为

$$Y = G + \mathrm{j}B \tag{6.31}$$

Y 的实部 $G = |Y|\cos\varphi_Y$ 称为电导，虚部 $B = |Y|\sin\varphi_Y$ 称为电纳。当 $B > 0$ 时，Y 显容性；当 $B < 0$ 时，Y 显感性。

R、L 和 C 对应的导纳分别为

$$Y_R = \frac{1}{R} = G$$

$$Y_L = \frac{1}{\mathrm{j}\omega L} = -\mathrm{j}\frac{1}{\omega L} \tag{6.32}$$

$$Y_C = \mathrm{j}\omega C$$

令 $B_L = \dfrac{1}{\omega L}$，称为感性电纳，简称感纳。令 $B_C = \omega C$，称为容性电纳，简称容纳。

如果无源一端口用导纳来等效，那么可以看作一个电导和一个电纳的并联，如图 6-16(a) 所示。电导电流 $\dot{I}_G$ 和电压同相，I_G 称为电流 I 的有功分量，电纳电流 $\dot{I}_B$ 和电压有 90° 的相位差，I_B 称为电流 I 的无功分量。电导电流、电纳电流和端口电流构成一个直角三角形，称为电流三角形，如图 6-16(b) 所示。

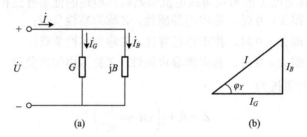

图 6-16 一端口的并联等效电路

若 RLC 并联，则导纳为

$$Y = \frac{1}{R} + \frac{1}{\mathrm{j}\omega L} + \mathrm{j}\omega C = \frac{1}{R} + \mathrm{j}\left(\omega C - \frac{1}{\omega L}\right) \tag{6.33}$$

6.4.2 阻抗(导纳)的串、并联

根据串联的特点和 KVL，n 个阻抗串联，其等效阻抗为全部串联阻抗之和，即

$$Z_{\mathrm{eq}} = Z_1 + Z_2 + \cdots + Z_n \tag{6.34}$$

如果 $\dot{U}$ 为串联电路总电压，那么由分压公式得到阻抗 Z_k 上的电压为

$$\dot{U}_k = \frac{Z_k}{Z_{\mathrm{eq}}}\dot{U} \tag{6.35}$$

电阻和电感串联，电路显感性；电阻和电容串联，电路显容性；电阻、电感和电容串联，电路的性质由元件的参数和电源的频率决定，显各种性质都有可能。

同理，根据并联的特点和 KCL，n 个导纳并联，其等效导纳为全部并联导纳之和，即

$$Y_{eq} = Y_1 + Y_2 + \cdots + Y_n \tag{6.36}$$

如果 $\dot{I}$ 为并联电路总电流，那么由分流公式得到导纳 Y_k 上的电流为

$$\dot{I}_k = \frac{Y_k}{Y_{eq}}\dot{I} \tag{6.37}$$

电阻和电感并联，电路显感性；电阻和电容并联，电路显容性；电阻、电感和电容并联，电路的性质由元件的参数和电源的频率决定，显各种性质都有可能。

注意：分压或分流公式中的电压和电流需使用相量形式，在交流电路中，时刻要有相量的概念。

如果已知一端口的电压和电流，等效阻抗或导纳可根据定义来计算；如果已知一端口内部电路的结构和元件参数，等效阻抗或导纳可根据元件的串、并联来计算。

【例 6-4】 已知某无源一端口的电压和电流为关联参考方向，瞬时值表达式为

$$u = 100\cos(\omega t + 70°)\text{V}$$
$$i = 5\sin(\omega t + 130°)\text{A}$$

计算该一端口的等效阻抗。

解 交流电路中，电压和电流的瞬时值表达式应采用相同形式的三角函数，即或都为正弦，或都为余弦，不一样时应转换为统一的形式，默认转换为余弦。当然，如果电压和电流都是正弦的形式，也不必转换为余弦，只要统一即可。本例中把电流 i 转化为余弦形式：

$$i = 5\sin(\omega t + 130°) = 5\cos(\omega t + 130° - 90°) = 5\cos(\omega t + 40°)\text{A}$$

一端口的等效阻抗为电压和电流的相量之比，由于三角函数式的幅值以最大值的形式给出，故采用最大值相量，可得

$$Z = \frac{\dot{U}_m}{\dot{I}_m} = \frac{100\angle 70°}{5\angle 40°} = 20\angle 30°(\Omega)$$

由于 $\varphi_Z = 30° > 0$，故该一端口显感性，可以看作一个电阻和一个电感的串联，等效的电阻值为 $20\cos 30° = 17.32\Omega$，电感的感抗为 $20\sin 30° = 10\Omega$。

该电路也可以看作一个电阻和一个电感的并联。（请自行计算）

【例 6-5】 计算图 6-17 所示电路的等效阻抗和等效导纳。

解 电路的结构为电感与电容的并联组合再串联电阻，则该电路的等效阻抗为

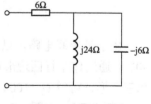

$$Z = 6 + (j24) \mathbin{/\mkern-5mu/} (-j6) = 6 + \frac{j24 \times (-j6)}{j24 + (-j6)} = 6 - j8(\Omega)$$

由于阻抗的虚部为负，故该电路显容性。该电路可以看作一个电阻和一个电容的串联。

等效导纳为

$$Y = \frac{1}{Z} = \frac{1}{6 - j8} = \frac{6 + j8}{(6 - j8)(6 + j8)} = 0.06 + j0.08(\text{S})$$

该电路也可以看作一个电导和一个电容的并联。

图 6-17 例 6-5 图

6.5　电路的相量图

相量本身是复数，用复平面上的有向线段表示，就构成了相量图。相量图可以反映出各相量之间的关系，即各正弦量之间的关系，有向线段的长短按比例对应有效值的大小，相对位置体现了相位关系。相量的加减满足平行四边形法则，可以借助相量图得到两个电压或两个电流的和或差。通过相量图除了可进行定性甚至定量的计算外，还可以进行一些证明。相量图是交流电路分析中很实用的工具。

在一个交流电路中，各电压和电流之间的相位关系是固定的。如果没有给出正弦量的相位，那么画相量图时需要先选择一个参考相量，即令该正弦量的初相为 0，其他相量根据参考相量分别画出。串联电路的特点是各元件流过同一电流，通常选择电流作为参考相量；并联电路的特点是各并联元件或支路两端为同一电压，通常选择电压为参考相量；串并联电路根据情况从局部出发，通常选择局部电压或电流作为参考相量。

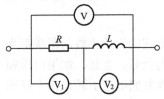

图 6-18　例 6-6 图

压为关联参考方向。

为了便于观察，通常各相量以原点为起点，如果相量之间满足平行四边形法则，那么在相量图中要体现出来。

【例 6-6】　如图 6-18 所示的电路中，已知电压表 V_1 和 V_2 的读数分别为 60V 和 80V，求电压表 V 的读数。

解　利用相量图求解。去掉电压表，重画电路图，如图 6-19(a) 所示，把各电压的参考方向标注在图上，电流和电

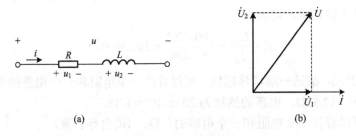

图 6-19　例 6-6 求解

由于是串联电路，以电流为参考相量，电阻的电压和电流同相，电感的电压超前电流 90°，通过作平行四边形可以得到总电压，如图 6-19(b) 所示。由于三个电压相量构成了直角三角形，可得 $U = 100V$，即电压表 V 的读数为 100V。

【例 6-7】　如图 6-20(a) 所示的电路中，已知容性负载的电阻和电容，求并联的电感为多大时，可以使总电流最小？

解　由于是并联电路，以电压为参考相量，容性负载的电流超前电压，电感的电流滞后电压 90°，两条支路电流相量分别画在相量图上，如图 6-20(b) 所示。

通过作平行四边形可以得到总电流相量。总电流相量的终点在过电流 $\dot{I}_1$ 相量终点的竖线上。从相量图可以看出，只有总电流相量垂直于该竖线，电流最小。此时 $\dot{I}_1$、$\dot{I}_2$ 和 $\dot{I}$ 构

成了一个直角三角形，$\dot{I}_2$ 的大小等于 $\dot{I}_1$ 在纵轴上的投影：

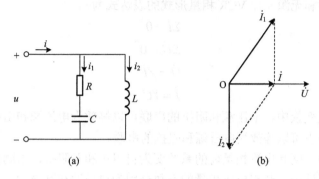

图 6-20　例 6-7 图

$$I_2 = I_1 \frac{\dfrac{1}{\omega C}}{\left| R + \dfrac{1}{j\omega C} \right|}$$

即

$$\frac{U}{\omega L} = \frac{U}{\left| R + \dfrac{1}{j\omega C} \right|} \cdot \frac{\dfrac{1}{\omega C}}{\left| R + \dfrac{1}{j\omega C} \right|} = \frac{\dfrac{1}{\omega C} U}{R^2 + \left(\dfrac{1}{\omega C} \right)^2}$$

于是得到

$$L = C \left[R^2 + \left(\frac{1}{\omega C} \right)^2 \right]$$

从相量图还可以看出，当总电流最小时，本电路的总电压和总电流同相，该电路显电阻性。

在电阻电路中，电阻并联的总电流一定大于各支路电流，但是在交流电路中，由于电容和电感的存在，会出现总电流和各支路电流相等的情况，或总电流小于支路电流，甚至总电流为 0。

注意：时刻要有相量的概念，即电压相加不是代数和而是相量和，电流相加也不是代数和而是相量和。

6.6　正弦稳态电路的分析方法

正弦稳态电路的分析，同样是在已知电路结构和元件参数的条件下，讨论激励和响应的关系。正弦稳态中的激励为同频率的正弦量，从而产生的响应也为同频率的正弦量，由此可以用相量法进行分析和计算。阻抗和导纳的引入，把三个无源元件 VCR 的相量形式统一起来，可以用一个通用的表达式来描述。只要把电压和电流用相量表示，电阻和电导用阻抗和导纳替换，线性电阻电路的各种分析方法就可以推广应用到交流电路。

基尔霍夫定律和无源元件 VCR 相量形式的表达式为

$$\Sigma \dot{I} = 0$$
$$\Sigma \dot{U} = 0$$
$$\dot{U} = Z\dot{I}$$
$$\dot{I} = Y\dot{U}$$

(6.38)

在电源的等效变换中，电压源和阻抗的串联可以等效为电流源和阻抗的并联；反之电流源和阻抗的并联也可以等效为电压源和阻抗的串联。

网孔电流法中，网孔电流相量前的系数变为自阻抗和互阻抗，激励也都写成相应的相量形式。节点电压法中，节点电压相量的系数分别为自导纳和互导纳，激励也都写成相应的相量形式。

叠加定理中各支路电压和电流相量等于各激励相量单独作用时产生的分电压相量和分电流相量的叠加。戴维南定理可描述为一个线性有源一端口，可以等效为一个电压源和阻抗的串联组合。

【例 6-8】　计算图 6-21 所示电路的电流 $\dot{I}$。

解　采用电源等效变换的方法，把左面的电压源和电感的串联等效为电流源和电感的并联，再把电流源和电容的并联等效为电压源和电容的串联，如图 6-22（a）所示，等效时注意电源的参数和方向。

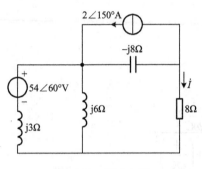

图 6-21　例 6-8 图

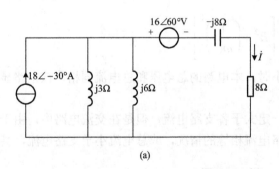

(a)

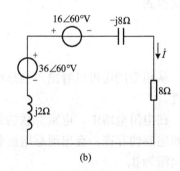

(b)

图 6-22　例 6-8 求解

两个电感并联后，和等效的电流源作为并联组合，等效为电压源和电感的串联组合，则原电路等效为一个单回路，如图 6-22（b）所示，根据 KVL，可得出所求电流为

$$\dot{I} = \frac{36\angle 60° - 16\angle 60°}{8 - j8 + j2} = \frac{20\angle 60°}{8 - j6} = \frac{20\angle 60°}{10\angle -36.9°} = 2\angle 96.9°(\text{A})$$

本例中的电流也可以应用叠加定理求得，电压源和电流源单独作用产生的分电流分别为 $3.6\angle 96.9°\text{A}$ 和 $-1.6\angle 96.9°\text{A}$。请自行计算。

【例 6-9】　求图 6-23 所示电路的电流 $\dot{I}$。

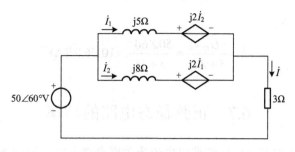

图 6-23　例 6-9 图

解　应用戴维南定理计算。移走 3Ω 电阻得到一个有源一端口，如图 6-24（a）所示。先求该一端口的开路电压，由于右侧端口开路，故两个控制电流实为同一电流，该电流为 0，开路电压即为电压源的电压：

$$\dot{U}_{OC} = 50\angle 60°V$$

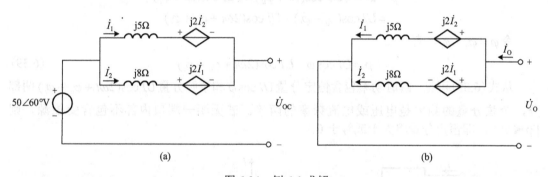

图 6-24　例 6-9 求解

由于含有受控源，故等效阻抗的计算采用电压电流法；受控源的方向也受控，故当两个控制电流的方向取反时，受控电压源的电压方向也取反。如图 6-24（b）所示。

各支路的电压即为端口电压：

$$\dot{U}_O = j2\dot{I}_2 + j5\dot{I}_1$$
$$\dot{U}_O = j2\dot{I}_1 + j8\dot{I}_2$$

从而得出两个电流和端口电压的关系：

$$\dot{I}_1 = \frac{\dot{U}_O}{j6}$$

$$\dot{I}_2 = \frac{\dot{U}_O}{j12}$$

根据 KCL，有

$$\dot{I}_O = \dot{I}_1 + \dot{I}_2$$

整理可得

$$Z_{eq} = \frac{\dot{U}_O}{\dot{I}_O} = j4\Omega$$

所求电流为

$$\dot{I} = \frac{\dot{U}_{OC}}{3 + Z_{eq}} = \frac{50\angle 60°}{3 + j4} = 10\angle 6.9°(\text{A})$$

6.7　正弦稳态电路的功率

设无源一端口 N 的端口电压和端口电流为关联参考方向，如图 6-25(a)所示，在端口加正弦激励，将产生同频率的响应，设

$$u(t) = \sqrt{2}U\cos(\omega t + \varphi_u)$$
$$i(t) = \sqrt{2}I\cos(\omega t + \varphi_i)$$

则该一端口吸收的瞬时功率为

$$p = ui = \sqrt{2}U\cos(\omega t + \varphi_u) \times \sqrt{2}I\cos(\omega t + \varphi_i)$$
$$= UI\cos(\varphi_u - \varphi_i) + UI\cos(2\omega t + \varphi_u + \varphi_i)$$

令 $\varphi = \varphi_u - \varphi_i$，有

$$p = UI\cos\varphi + UI\cos(2\omega t + \varphi_u + \varphi_i) \tag{6.39}$$

从式(6.39)可见，瞬时功率包含恒定分量 $UI\cos\varphi$ 和余弦分量 $UI\cos(2\omega t + \varphi_u + \varphi_i)$ 两部分，余弦分量的频率是电压或电流频率的两倍。若无源一端口内部不包含受控源，则 $|\varphi| \leqslant 90°$，即恒定分量将大于或等于 0。

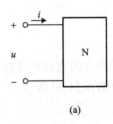
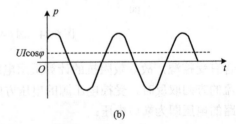

图 6-25　一端口网络 N 的瞬时功率波形

瞬时功率的波形如图 6-25(b)所示，由于 u 和 i 为关联参考方向，横轴上方表示一端口吸收功率，下方为发出功率。虽然一端口不包含独立源，但由于电容和电感为储能元件，在激励的一个周期内，电容电压和电感电流两次达到峰值，电容和电感完成两次吸收和释放能量的过程。通常情况下，一端口和外部电路之间进行能量交换，一个周期内，吸收的能量大于发出的能量。

平均功率是指瞬时功率在一个周期内的平均值，用大写字母 P 表示，根据平均值的定义，有

$$P = \frac{1}{T}\int_0^T p\,\mathrm{d}t \tag{6.40}$$

把式(6.39)代入式(6.40)，则一端口的平均功率为

$$P = \frac{1}{T} \int_0^T [UI\cos\varphi + UI\cos(2\omega t + \varphi_u + \varphi_i)]\mathrm{d}t = UI\cos\varphi \tag{6.41}$$

平均功率为式(6.39)的恒定分量,它代表一端口实际消耗的功率,即把电能转换为其他形式的能量,所以平均功率又称为有功功率。交流设备的额定功率指的都是有功功率。平均功率的单位为 W。

式(6.41)中的 $\cos\varphi$ 称为功率因数,用 λ 表示,即 $\lambda = \cos\varphi$。

单一无源元件的功率因数和平均功率如表 6-2 所示。

表 6-2　单一无源元件的功率因数和平均功率

无源元件	u 和 i 的相位差 φ	功率因数 λ	平均功率(有功功率) P
R	0°	1	$UI = I^2 R = \dfrac{U^2}{R}$
L	90°	0	0
C	−90°	0	0

可以看出,电感和电容元件的有功功率为 0。这个结果容易理解,由于二者为储能元件,故一个周期内的平均功率为 0。三个无源元件中,只有电阻消耗平均功率,电阻把吸收的电能转换为热能。这说明计算无源一端口的平均功率除了通过式(6.41),也可以通过计算该一端口内部电阻的功率得到。

注意: 推荐使用 $I^2 R$ 计算电阻的平均功率。如果使用另外两个表达式,需确保 U 为电阻两端的电压。

功率因数角 φ 是电压和电流的相位差,也是一端口等效阻抗的阻抗角。功率因数是介于 0 和 1 之间的一个数值,阻抗越接近电阻性,功率因数越高。实际的负载以感性居多,功率因数小于 1。通常功率因数值也是交流设备铭牌标注的一个数据。

为了衡量一端口和外电路进行能量交换的规模,在工程上引入无功功率的概念,用 Q 表示,无功功率定义为

$$Q = UI\sin\varphi \tag{6.42}$$

无功功率的单位为 var(乏)。

单一无源元件的无功功率如表 6-3 所示。

表 6-3　单一无源元件的无功功率

无源元件	u 和 i 的相位差 φ	无功功率 Q
R	0°	0
L	90°	$UI = \omega L I^2 = \dfrac{U^2}{\omega L}$
C	−90°	$-UI = -\dfrac{1}{\omega C} I^2 = -\omega C U^2$

电阻的无功功率为 0，它与外电路不进行能量交换。电容和电感的无功功率具有互补的特点。电路的功率因数越高，无功功率越小，和电源的能量交换规模越小。

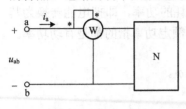

图 6-26　功率表接线

功率表的读数为有功功率，功率表有一个电压线圈和一个电流线圈，在每个线圈向外引出的两个端子中，各有一个标记"*"的端子，当测量功率时，要连在一起。当测量一端口 N 的功率时，电压线圈连接到 a、b 两点之间，标记"*"的端子接在 a 点；电流线圈串接在 a 线上，a 线上的电流从电流线圈标记"*"的端子流入，如图 6-26 所示。测量的功率为

$$P = U_{ab}I_a \cos\varphi_1 \tag{6.43}$$

式(6.43)中的 U_{ab} 为 a、b 两点间电压的有效值，I_a 为 a 线上电流的有效值，φ_1 为 u_{ab} 和 i_a 的相位差。

设备的容量通常是由其额定电压与额定电流的乘积决定的，为此引入了视在功率的概念，用 S 表示，视在功率定义为

$$S = UI \tag{6.44}$$

视在功率的单位为 V·A(伏安)。工程上常用视在功率衡量电气设备的负荷能力。

有功功率 P、无功功率 Q 和视在功率 S 之间存在如下关系：

$$\begin{aligned} S^2 &= P^2 + Q^2 \\ P &= S\cos\varphi \\ Q &= S\sin\varphi \end{aligned} \tag{6.45}$$

可以看出，这三个功率构成了一个功率三角形。S 为直角三角形的斜边。

有功功率、无功功率和视在功率的单位不同，但其实都具有相同的量纲，目的是便于区分不同的功率。电路中的有功功率和无功功率分别守恒，但视在功率不遵循守恒原理。

为了把有功功率、无功功率、视在功率和功率因数一起讨论，对如图 6-25(a)所示的一端口定义一个复功率，用 $\bar{S}$ 表示，复功率的定义为

$$\bar{S} = \dot{U}\dot{I}^* \tag{6.46}$$

式中，$\dot{I}^*$ 为 $\dot{I}$ 的共轭，则

$$\bar{S} = U\angle\varphi_u \times I\angle(-\varphi_i) = UI\angle(\varphi_u - \varphi_i) = UI\cos\varphi + jUI\sin\varphi$$

可以看出，复功率的实部为有功功率，虚部为无功功率。复功率的单位为 V·A。而复功率的模 $|\bar{S}| = UI$，即为视在功率。复功率的辐角取余弦函数 $\lambda = \cos\varphi_{\bar{S}}$，即为功率因数。

如果一端口的等效阻抗为 Z，那么复功率还可以写为

$$\bar{S} = \dot{U}\dot{I}^* = \dot{I}Z\dot{I}^* = \dot{I}\dot{I}^*Z = I^2Z \tag{6.47}$$

【例 6-10】　某负载 Z 的测量电路如图 6-27 所示，电压表的读数为 10V，电流表的读数为 2A，功率表的读数为 12W，电源频率为 50Hz，求阻抗 Z 的等效电路，

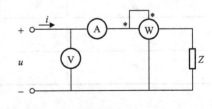

图 6-27　例 6-10 图

计算电路的功率因数、无功功率、视在功率和复功率。

解　设阻抗 $Z = R + jX$。

由 $P = I^2 R$，可得 $R = \dfrac{P}{I^2} = \dfrac{12}{2^2} = 3(\Omega)$。

由 $|Z| = \dfrac{U}{I} = \dfrac{10}{2} = 5\Omega$，而 $|Z|^2 = R^2 + X^2$，解得 $X = \pm 4\Omega$。

由 $\omega L = 4\Omega$，得 $L = \dfrac{4}{\omega} = \dfrac{4}{2\pi \times 50} = 0.0127(\text{H})$。

由 $\dfrac{1}{\omega C} = 4\Omega$，得 $C = \dfrac{1}{4\omega} = \dfrac{1}{4 \times 2\pi \times 50} = 0.000796(\text{F})$。

若 $Z = (3 + j4)\,\Omega$，则等效电路为一个 3Ω 电阻和一个 12.7mH 电感的串联；

若 $Z = (3 - j4)\,\Omega$，则等效电路为一个 3Ω 电阻和一个 796μF 电容的串联。

由 $P = UI\cos\varphi$，可得功率因数：

$$\cos\varphi = \frac{P}{UI} = \frac{12}{10 \times 2} = 0.6$$

视在功率 $S = UI = 20\text{V·A}$，由 $S^2 = P^2 + Q^2$，得到无功功率 $Q = \pm 16\text{var}$。

复功率 $\overline{S} = I^2 Z = 2^2 \times (3 \pm j4) = 12 \pm j16(\text{V·A})$

本例中如果使用公式 $P = \dfrac{U^2}{R}$，那么把 $U = 10\text{V}$ 代入将导致错误的结果，公式中的 U 应

为电阻 R 两端的电压，而 10V 为阻抗 Z 的总电压。

6.8　最大功率传输

最大功率传输就是使负载获得最大功率，是工程中需要分析的问题。对于负载之外的电路可以看作一个有源一端口 N_S，如图 6-28(a) 所示。根据戴维南定理，该一端口可以等效为一个电压源和一个阻抗的串联，如图 6-28(b) 所示。

设可变阻抗 $Z = R + jX$，$Z_0 = R_0 + jX_0$，电路的电流为

$$\dot{I} = \frac{\dot{U}_{\text{OC}}}{Z + Z_0} = \frac{\dot{U}_{\text{OC}}}{(R + R_0) + j(X + X_0)} \tag{6.48}$$

其有效值为

$$I = \frac{U_{\text{OC}}}{\sqrt{(R + R_0)^2 + (X + X_0)^2}} \tag{6.49}$$

电阻 R 的功率即为负载吸收的有功功率，该有功功率为

$$P = I^2 R = \frac{U_{\text{OC}}^2}{(R + R_0)^2 + (X + X_0)^2} R \tag{6.50}$$

当式 (6.50) 分母中第二项 $X + X_0 = 0$，即 $X = -X_0$ 时，负载才可能获得最大功率。

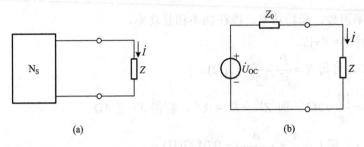

图 6-28　最大功率传输

令功率对电阻 R 的导数为 0，即

$$\frac{\mathrm{d}}{\mathrm{d}R}\left[\frac{U_{\mathrm{OC}}^2 R}{(R+R_0)^2}\right]=0$$

解得

$$R=R_0$$

于是，当 $Z=Z_0^*=R_0-\mathrm{j}X_0$ 时，即可实现阻抗匹配，负载可得到最大功率，该最大功率为

$$P_{\max}=\frac{U_{\mathrm{OC}}^2}{4R_0} \tag{6.51}$$

上述讨论的情况是考虑负载可变的条件，当负载不变、外电路固定时，通常不满足匹配的条件，负载将得不到最大功率。在交流电路中遇到这个问题时，应用变压器，可实现阻抗匹配。

【例 6-11】　在图 6-29（a）所示电路中，电流源的电流有效值为 4A，求可变负载 Z 获得最大功率的条件及最大功率。

解　移走负载后有源一端口如图 6-29（b）所示，可求得该一端口的戴维南等效电路参数为

$$Z_0=-\mathrm{j}6+(4+\mathrm{j}3)=4-\mathrm{j}3(\Omega)$$

$$U_{\mathrm{OC}}=|4+\mathrm{j}3|I_{\mathrm{S}}=5\times 4=20(\mathrm{V})$$

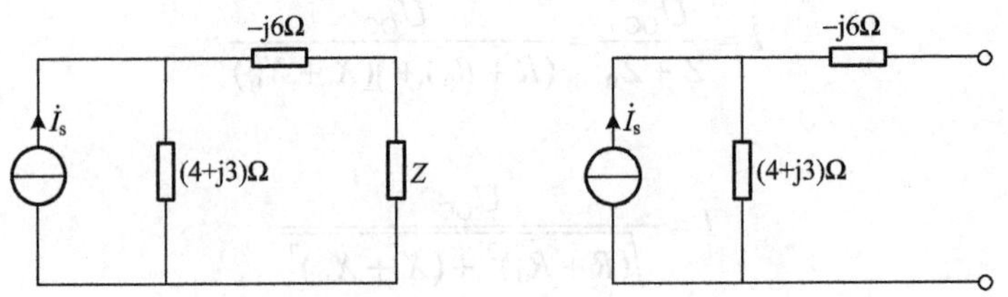

图 6-29　例 6-11 图

当负载阻抗和戴维南等效阻抗互为共轭时，可得到最大功率。即

$$Z=Z_0^*=(4+\mathrm{j}3)\Omega$$

获得的最大功率为

$$P_{\max} = \frac{U_{\text{OC}}^2}{4R_0} = \frac{20^2}{4 \times 4} = 25(\text{W})$$

6.9　功率因数的提高

由 $P = UI\cos\varphi$ 可知，当负载功率一定时，功率因数越小，负载的电流就越大。例如，额定功率为 1kW、额定电流为 2.5A、功率因数为 1 的甲负载和额定功率为 1kW、额定电流为 5A、功率因数为 0.5 的乙负载，分别接到额定电流为 10A 的电源上，由于两个负载的有功功率相等，故电源发出的有功功率也相同，但是电源产生的电流不一样。由于额定电流的限制，这样的电源只能同时给 2 个乙负载供电，输出功率为 2kW；但可以接 4 个甲负载，输出功率为 4kW，提高了一倍。从而可以看出，电路的功率因数越高，电源的利用率就越高，也就是说，可以给更多的负载供电；在负载功率一定的情况下，功率因数高的电路，线路的电流降低，减少了线路上和电源的损耗。在电力传输时除了采取高压送电，还要求用电区域整体的功率因数达到一定的要求，以降低线路上的电流。

大多数的交流设备都是感性负载，由于功能要求，有的设备功率因数较低且不易改变。由于工业负载占比较高，需要工业用户整个线路的功率因数不低于一个标准，从而提高整个电网的功率因数，以提高电能的利用和减少线路损耗。

为确保感性负载工作不受影响，一般采用在感性负载两端并联电容的方法，来提高用电线路或整个电网的功率因数，如图 6-30(a) 所示。感性负载用电阻和电感的串联表示。电容并联在感性负载两端，即直接接到电源两端，不影响感性负载的工作情况。下面推导达到一定功率因数所需并联电容的电容值。

(1)方法一：通过电流关系分析。

以电压 $\dot{U}$ 为参考相量，画出图 6-30(a) 所示电路的相量图，如图 6-30(b) 所示。感性负载的电流滞后电压，由于功率因数低，φ_1 较大，电容的电流超前电压 90°。

由于并联电容前后，感性负载的电压和电流没有发生任何变化，并联的电容不消耗有功功率，所以电路的有功功率不变。因此有

$$P = UI_L \cos\varphi_1 = UI \cos\varphi$$

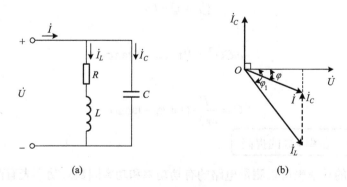

图 6-30　并联电容提高功率因数

$$I_L = \frac{P}{U\cos\varphi_1}$$

$$I = \frac{P}{U\cos\varphi}$$

根据电容的 VCR，有

$$I_C = \omega CU$$

在相量图中，根据线段的几何关系，可得

$$I_C = I_L \sin\varphi_1 - I \sin\varphi \qquad (6.52)$$

即

$$\omega CU = \frac{P}{U\cos\varphi_1}\sin\varphi_1 - \frac{P}{U\cos\varphi}\sin\varphi$$

并联电容为

$$C = \frac{P}{\omega U^2}(\tan\varphi_1 - \tan\varphi) \qquad (6.53)$$

从相量图中可以看出，并联电容后，总电流减小，同时电压和总电流的相位差变小，功率因数得到了提高。如果要进一步提高功率因数，电容电流应增大，需增大电容。为了提高功率因数，并联的电容不是越大越好，如果电路的功率因数提高到 1，再增大电容，总电流将超前电压，电路由感性变成容性，总电流逐渐增大，功率因数反而降低。

(2)方法二：通过无功功率的关系分析。

由于电容和电感的无功功率具有互补性，并联电容后，电感的一部分能量将与电容进行交换，从而减小了与电源的能量交换。并联电容后，整个电路的有功功率不变，无功功率降低，从而提高了功率因数。

并联电容前电路的无功功率即为感性负载的无功功率，即

$$Q_L = P\tan\varphi_1$$

并联电容后总的无功功率为

$$Q = P\tan\varphi$$

由于减小的无功功率与电容补偿的无功功率相等，则有

$$Q_C = Q - Q_L \qquad (6.54)$$

即

$$-\omega CU^2 = P\tan\varphi - P\tan\varphi_1$$

得到并联电容为

$$C = \frac{P}{\omega U^2}(\tan\varphi_1 - \tan\varphi)$$

电路仿真——功率因数的提高

仿真软件中的功率表可以测量电路的有功功率和功率因数。功率表有两个线圈，电流线圈和被测电路串联，电压线圈和被测电路并联。双击功率表可打开显示面板。提高功率

因数的仿真电路如图 6-31 所示，右面的功率表测量并联电容前的电路即感性负载的功率及功率因数，左侧的功率表测量并联电容后整个电路的功率和功率因数。

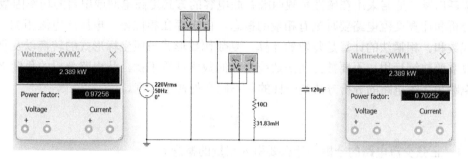

图 6-31　电路仿真——功率因数的提高

通过运行仿真，可以看出并联电容后整个电路的有功功率和感性负载的有功功率相等，说明并联电容对电路的有功功率没有影响；但并联电容后功率因数得到了提高。

本 章 小 结

正弦交流电路是正弦激励作用下的电路，当电路的结构和参数不变时，则为正弦稳态电路，正弦稳态电路中的响应与激励的变化规律相同，也为同频率的正弦量。由于复数和正弦量存在一定的联系，取正弦量的大小为模、其初相为辐角，构成的复数定义为正弦量的相量，应用相量法使交流电路的计算由三角函数变成了较容易的复数计算。相量和正弦量是一一对应的关系。

一个正弦量有瞬时值、有效值、最大值、有效值相量和最大值相量之分，分别以不同的符号来表示，使用时要注意它们之间的区别和联系，不要混淆。

电阻、电感和电容三个无源元件相量形式的 VCR 包含了电压与电流的大小和相位之间的关系。电阻的电压和电流比值仍为常数，而电感、电容的电压和电流关系与激励的频率有关；电阻的电压和电流同相，而电感的电压超前电流 90°，电容则是电流超前电压 90°。

无源元件或无源一端口的电压与电流的相量之比为阻抗，导纳是阻抗的倒数。阻抗和导纳都是复数，对于电阻来讲，这两个参数实际为电阻值和电导值。电感和电容的阻抗或导纳可根据其相量形式的 VCR 得到。由此无源元件的串并联可以等效为一个阻抗或导纳，由等效阻抗可知电路的性质——显感性、容性或电阻性。

相量形式的基尔霍夫定律也是成立的。把电压和电流写成相量形式，电路中的元件参数用阻抗或导纳表示，直流电路中的网孔电流法、节点电压法、电源的等效变换以及电路定理都可用于交流电路。

复数可以用复平面的有向线段表示，借助相量图可辅助计算也可以进行一些证明。

有功功率 $UI\cos\varphi$ 也称为平均功率，是电路实际吸收的功率，$\cos\varphi$ 为电路的功率因数。作为储能元件的电容和电感在交流电路中周期性进行能量的存储和释放，无功功率 $UI\sin\varphi$ 是衡量能量交换的一个参数。视在功率 UI、有功功率和无功功率构成功率三角形。复功率是一个四合一的公式，含有上述三个功率以及功率因数的信息。

满足阻抗匹配条件，负载可吸收最大有功功率。因感性负载居多，从电源的利用率和减少损耗出发，通常采用在感性负载两端并联电容的方式提高电网或电路的功率因数。

分析和计算交流电路要时刻有相量的概念，由于存在相位差，电压或电流相加不是简单的代数和。相量法的计算是复数的计算，复数代数形式与极坐标形式的转换以及复数四则运算需要熟练运用，不要被三角函数或复数的数学计算干扰，从电路分析的角度来讲，直流电路和交流电路的分析方法是一样的，不同之处在于计算。

思 考 题

6-1　正弦交流电路的分析为什么要引入相量的概念？

6-2　相量和正弦量是相等的关系吗？

6-3　相量用复数的哪种形式表示有意义？

6-4　如何判断一个电路的性质？

6-5　阻抗和导纳是什么关系？如何计算阻抗和导纳？

6-6　在什么情况下，当交流电路中两个元件串联时，总电压的有效值等于每个元件电压有效值的和？

6-7　画相量图时以哪个相量为参考相量？

6-8　交流电路中讨论的功率有哪些？它们的单位分别是什么？

6-9　如何提高感性电路的功率因数？

习 题

6-1　已知 $A = -3 + j4$，$B = 10\angle 30°$，计算 $A+B$、$A-B$、AB、A/B，结果化为极坐标形式。

6-2　$i_1 = 3\cos(314t + 60°)\text{A}$，$i_2 = 4\sin\left(314t + \dfrac{\pi}{3}\right)\text{A}$，两个电流的相位差是多少？计算 $i = i_1 + i_2$。

6-3　$u_1 = 60\sqrt{2}\cos(314t + 30°)\text{V}$，$u_2 = 120\sqrt{2}\cos(314t - 60°)\text{V}$，$u_3 = 40\sqrt{2}\cos(314t + 120°)\text{V}$，计算 $u = u_1 + u_2 + u_3$。

6-4　对称三相电源由三个大小相等、频率相同、相位互差 120° 的三个正弦交流电压源构成，每个电源的电压称为相电压。已知如题 6-4 图所示的三个电压源的电压分别为

$$u_a = 220\sqrt{2}\cos(\omega t + 30°)\text{V}$$

$$u_b = 220\sqrt{2}\cos(\omega t - 90°)\text{V}$$

$$u_c = 220\sqrt{2}\cos(\omega t + 150°)\text{V}$$

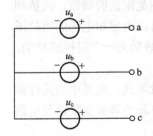

题 6-4 图

三个电源是哪种连接方式？求三个电压的和；计算线电压 u_{ab}、u_{bc} 和 u_{ca}；画出它们的相量图。说明线电压和相电压存在什么关系？

6-5　题 6-4 图中的三个电源首尾相连，构成哪种连接方式？连接时需注意什么？

6-6 已知题 6-6 图所示无源一端口的电压和电流。求该一端口的等效电路。

(1) $u = 50\cos(314t + 30°)\text{V}$，$i = 5\cos(314t + 30°)\text{A}$；

(2) $u = 40\cos(314t + 20°)\text{V}$，$i = 8\cos(314t + 110°)\text{A}$；

(3) $u = 30\cos100t\text{V}$，$i = -2\cos(100t + 120°)\text{A}$。

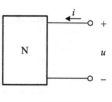

题 6-6 图

6-7 求题 6-7 图所示各电路的输入阻抗 Z 和导纳 Y。

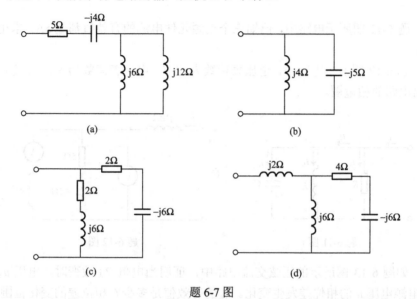

题 6-7 图

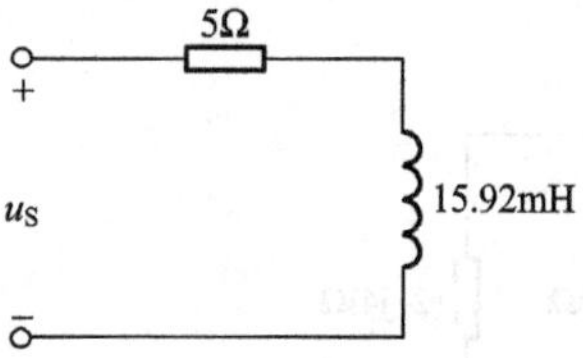

6-8 电路如题 6-8 图所示，对于不同的激励，计算电路的电流。

(1) $u_S = 10\text{V}$；

(2) $u_S = 220\sqrt{2}\cos(314t + 30°)\text{V}$；

(3) $u_S = 220\sqrt{2}\cos(628t + 30°)\text{V}$；

(4) 根据结果，能得出哪些结论？

题 6-8 图

6-9 电路如题 6-9 图所示，计算不同激励下电路的电流，并说明电路的性质。

(1) $u_S = 220\text{V}$；

(2) $u_S = 220\sqrt{2}\cos(314t + 30°)\text{V}$；

(3) $u_S = 220\sqrt{2}\cos(628t + 30°)\text{V}$；

(4) 什么情况下，$i = \dfrac{u_S}{5}$？

6-10 已知题 6-10 图所示电路中 $\dot{I} = 2\angle 0°\text{A}$，求电压 $\dot{U}$ 和电路的复功率，并画出电路的相量图。

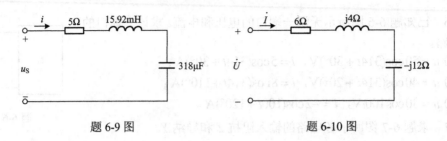

题 6-9 图　　　　　　　　　　　　　题 6-10 图

6-11　题 6-11 图所示电路中，已知三个无源元件电流的有效值都是 5A，求电流 i_1 和 i_2 的有效值。

6-12　题 6-12 图所示电路中，电压表读数为 50V，电流表读数为 5A，求电流 I 和电压 U，并画出电路的相量图。

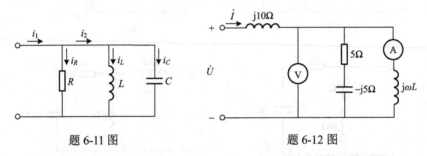

题 6-11 图　　　　　　　　　　　　　题 6-12 图

6-13　如题 6-13 图所示的正弦交流电路中，证明当电阻 R_W 改变时，电压 u_a 有效值不变，但与电源电压 u 的相位差发生变化。u_a 的有效值是多少？相位差的变化范围是多少？

6-14　电路如题 6-14 图所示，已知 $U=40V$，计算各支路电流和电路的复功率。

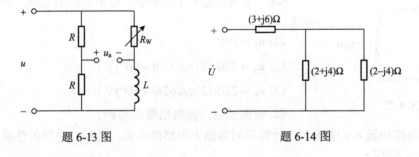

题 6-13 图　　　　　　　　　　　　　题 6-14 图

6-15　计算题 6-15 图所示电路的等效阻抗。

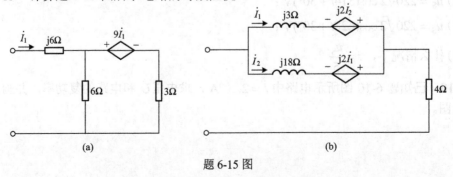

(a)　　　　　　　　　　　　　(b)

题 6-15 图

6-16　如题 6-16 图所示的三相电路中，流过负载的电流称为相电流，电源和负载连接线上的电流称为线电流，电压源的电压如题 6-4 中的参数，计算电流 i_1 和 i_a，并说明两个电流有什么关系？

6-17　如题 6-17 图所示的三相星接负载电路中，电压源的电压如题 6-4 中的参数所示，计算线电流 i_a、i_b 和功率表的读数。

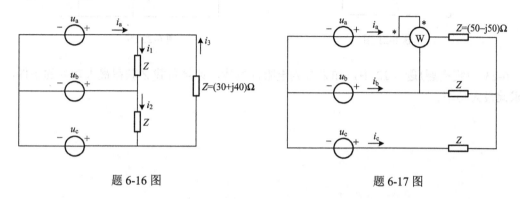

题 6-16 图　　　　　　　　　　　　　　　题 6-17 图

6-18　如题 6-18 图所示的三相星接负载电路中，电压源的电压如题 6-4 中的参数所示，计算线电流 i_a 和 i_b。

6-19　日光灯和镇流器串联，电源电压为 220V，频率为 50Hz，测得电流为 0.4A，电路的总功率为 44W，镇流器的功率为 4W，日光灯管可看作电阻，求镇流器的参数，分别计算灯管和镇流器两端的电压。

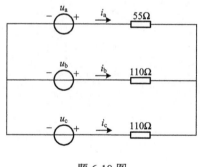

题 6-18 图

6-20　功率为 40W 的日光灯电路，接到工频为 220V 的交流电源，日光灯电路功率因数为 0.5，计算电路的无功功率；如果把日光灯电路的功率因数提高到 0.9，需要并联多大的电容？

6-21　电路如题 6-21 图所示，电源为 220V、50Hz 工频交流电压，计算电路的电流。如果把电路的功率因数提高到 0.98，需要并联多大的电容？

6-22　题 6-22 图所示电路中电压源的电压为 12V，计算负载 Z 获得最大功率的条件，并求此最大功率。

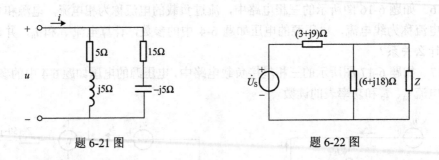

题 6-21 图　　　　　　　　　　题 6-22 图

6-23　(提高题)题 6-22 中，如果 Z 为电阻性负载，计算负载 Z 获得最大功率的条件，并求此最大功率。

第7章 频率响应

本章提要

交流电路中当激励的频率发生改变时，感抗和容抗将随之变化，电路中电压和电流的大小以及相互之间的相位关系也将发生变化，响应与激励的关系将是以频率为变量的函数。本章将从网络函数入手，介绍基本的 *RC* 和 *RL* 电路的频率响应。谐振是频率响应的典型现象，包括串联谐振和并联谐振两种类型。由于可实现对不同频率信号的选择和抑制，因此滤波电路在信号处理方面得到了广泛应用。

7.1 频率响应的概念

对于单一激励的直流电路，通常串联电路中单个元件两端的电压要小于串联总电压，当然也可能出现串联元件的电压等于串联总电压的情况，例如，一个电阻串联一个电感，电阻的电压等于串联总电压；一个电阻串联一个电容，电容的电压等于串联总电压。交流电路中电阻串联电容或电感时，单个元件的电压小于总电压。如果把电阻、电感和电容这三个元件串联起来，可能出现串联元件的电压大于总电压的情况。

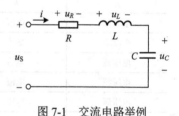

图 7-1 交流电路举例

如图 7-1 所示的电路中，$R=5\Omega$，$L=50\text{mH}$，$C=0.5\text{mF}$，$u_S=100\sqrt{2}\cos\omega t\text{V}$。

当 $\omega=100\text{rad/s}$ 时，电流的有效值相量为

$$\dot{I}=\frac{\dot{U}_S}{R+\text{j}\left(\omega L-\dfrac{1}{\omega C}\right)}=\frac{100\angle0°}{5+\text{j}(5-20)}=6.32\angle71.6°(\text{A})$$

电容电压有效值 $U_C=\dfrac{1}{\omega C}I=20\times6.32=126.4(\text{V})$，$U_C>U_S$。可以看出电路显容性。

当 $\omega=200\text{rad/s}$ 时，电流的有效值相量为

$$\dot{I}=\frac{\dot{U}_S}{R+\text{j}\left(\omega L-\dfrac{1}{\omega C}\right)}=\frac{100\angle0°}{5+\text{j}(10-10)}=20\angle0°(\text{A})$$

可以看出电路变成了电阻性，电流达到了最大值，相应的各元件电压也随之发生了变化。电感电压 $U_L=\omega LI=10\times20=200(\text{V})$，电容电压 $U_C=\dfrac{1}{\omega C}I=10\times20=200(\text{V})$，电感和电容电压有效值相等，均大于电源电压。从计算的过程可以看出，产生变化的原因是感抗和容抗随频率发生了变化，从而引起电路中各响应的变化。

电路的工作状态随频率而变化的现象，称为频率响应，也称为频率特性。

频率响应在无线电和电子技术中得到了广泛应用，例如，广播电台和电视频道的选择，实际上是接收电路选择了特定的频率信号。除了对所需信号的选择，有时还要考虑对干扰信号进行有效的抑制。音响系统中不同喇叭对不同频率音频的还原能力，都是频率特性的应用。当信号的频率超出一定范围时，电路中的电压或电流可能会对电器设备产生损害，需要防范。

7.2 网 络 函 数

在单一正弦激励作用下的稳态电路中，当激励的频率为变化量时，响应（Response）和激励（Excitation）的相量比值定义为网络函数，也称为传递函数，记为 $H(j\omega)$，有

$$H(j\omega) = \frac{\dot{R}(j\omega)}{\dot{E}(j\omega)} \tag{7.1}$$

根据响应和激励所在的支路，表 7-1 给出了网络函数的六种类型。

表 7-1　网络函数的类型

E	R	E 与 R 是否属于同一支路	H
电流源	电压	是	驱动点阻抗（函数）
电流源	电压	否	转移阻抗（函数）
电压源	电流	是	驱动点导纳（函数）
电压源	电流	否	转移导纳（函数）
电压源	电压	否	电压转移函数
电流源	电流	否	电流转移函数

网络函数与电路的结构和参数有关，与激励的幅值无关，但是与激励的频率有关。网络函数的定义中，响应和激励都是相量形式，所以它们的比值为一个复数。由于激励的频率为变化量，因此网络函数的模 $|H(j\omega)|$ 与频率的关系称为幅频特性；它的辐角 $\varphi(j\omega)$ 与频率的关系称为相频特性。

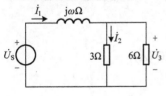

图 7-2　例 7-1 图

网络函数与频率的关系可以通过绘制频率特性曲线得到。频率特性曲线包括幅频特性和相频特性两条曲线。

通过网络函数可以了解电路的特性，可以预测电路在不同激励频率下的响应情况。

【例 7-1】 以图 7-2 所示电路中的电压和电流为响应，求电路的网络函数。

解　电路的结构为两个电阻并联，再串联电感，有

$$\dot{I}_1 = \frac{\dot{U}_S}{j\omega + 3 /\!/ 6} = \frac{1}{2 + j\omega} \times \dot{U}_S$$

$$\dot{I}_2 = \frac{6}{3+6} \times \dot{I}_1 = \frac{2}{3} \times \dot{I}_1 = \frac{2}{6+j3\omega} \times \dot{U}_S$$

$$\dot{U}_3 = 3\dot{I}_2 = \frac{6}{6+j3\omega} \times \dot{U}_S$$

于是得到网络函数：

（1）驱动点导纳为 $\dfrac{\dot{I}_1}{\dot{U}_S} = \dfrac{1}{2+j\omega}$；

（2）转移导纳为 $\dfrac{\dot{I}_2}{\dot{U}_S} = \dfrac{2}{6+j3\omega}$；

（3）电压转移函数为 $\dfrac{\dot{U}_3}{\dot{U}_S} = \dfrac{6}{6+j3\omega}$。

如果把激励换成电流源，就可以得到其他网络函数。

以电压转移函数为例，可通过绘制其频率特性曲线得出其频率响应特点：

$$H(j\omega) = \frac{\dot{U}_3}{\dot{U}_S} = \frac{6}{6+j3\omega} = \frac{6}{\sqrt{6^2+(3\omega)^2}} \angle -\arctan\frac{\omega}{2}$$

当 $\omega=0$ 时，$|H(j0)|=1$，$\varphi(j0)=0°$；当 $\omega \to \infty$ 时，$|H(j\infty)|=0$，$\varphi(j\infty)=-90°$。幅频特性曲线和相频特性曲线均为单调变化，分别如图 7-3（a）、（b）所示。可以看出随着频率增加，幅值由 1 逐渐下降，高频段趋于 0；相位始终滞后，高频段滞后趋于 90°。

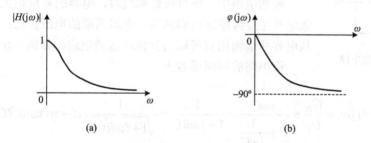

（a）　　　　　　　　　　　（b）

图 7-3　电压转移函数的频率特性曲线

7.3　*RC* 电路和 *RL* 电路的频率响应

7.3.1　*RC* 电路的频率响应

如图 7-4 所示电路为 *RC* 串联电路，激励为串联电路的总电压，响应为电阻两端的电压，该网络函数为电压转移函数。

$$H(j\omega) = \frac{\dot{U}_O}{\dot{U}_I} = \frac{R}{R+\dfrac{1}{j\omega C}} = \frac{j\omega RC}{1+j\omega RC} = \frac{\omega RC}{\sqrt{1+(\omega RC)^2}} \angle(90° - \arctan\omega RC)$$

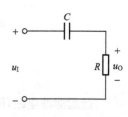

图 7-4　*RC* 高通电路

令 $\omega_c = \dfrac{1}{RC}$，可得 $|H(j\omega_c)| = \dfrac{1}{\sqrt{2}} = 0.707$，$\varphi(j\omega_c) = 45°$，$f_c = \dfrac{\omega_c}{2\pi} = \dfrac{1}{2\pi RC}$，$f_c$ 称为截止频率或转折频率，ω_c 称为截止角频率。当 $\omega = 0$ 时，$|H(j0)| = 0$，$\varphi(j0) = 90°$；当 $\omega \to \infty$ 时，$|H(j\infty)| = 1$，$\varphi(j\infty) = 0$。幅频特性曲线和相频特性曲线分别如图 7-5(a)、(b)所示。可以看出在高频段，输出和输入的幅值接近；在整个频段，输出信号的相位始终超前输入信号。

0.707 倍是衡量信号是否有效传递的一个分界点，高于 0.707 倍，信号衰减得不多，认为输出端或接收端接收到了输入信号；低于 0.707 倍，信号在电路或网络上衰减过多，认为不能到达接收端。

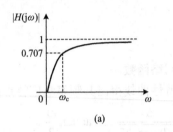 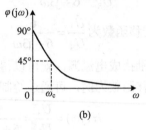

(a)　　　　　　　　　　　　　　(b)

图 7-5　RC 高通电路的频率特性曲线

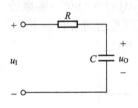

图 7-6　RC 低通电路

该电路称为高通滤波电路，简称高通电路。当 $\omega > \omega_c$ 时，$|H(j\omega)| > 0.707$。高通电路中，ω_c 也称为下限截止频率。

高通电路中，信号在低频段时，电容的容抗很大，分压多，低频信号主要降落在电容两端，电阻两端的电压很低。很显然，如果从电容两端输出就可以得到低通滤波电路，如图 7-6 所示。

该电路的网络函数为

$$H(j\omega) = \frac{\dot{U}_O}{\dot{U}_I} = \frac{\dfrac{1}{j\omega C}}{R + \dfrac{1}{j\omega C}} = \frac{1}{1 + j\omega RC} = \frac{1}{\sqrt{1 + (\omega RC)^2}} \angle -\arctan\omega RC$$

RC 低通滤波电路的幅频和相频特性曲线分别如图 7-7(a)、(b)所示。

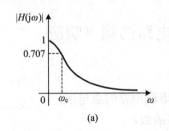 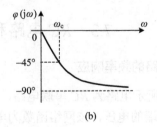

(a)　　　　　　　　　　　　　　(b)

图 7-7　RC 低通电路的频率特性曲线

RC 电路的
频率响应

低通滤波电路(简称低通电路)中，输出信号始终滞后输入信号，在低频段输出信号的幅值接近输入信号。通常把低通电路中的截止频率 $\omega_c = \dfrac{1}{RC}$ 称为上限截止频率。

7.3.2 *RL* 电路的频率响应

电感和电容是一对对偶元件,既然在 *RC* 电路中,从电阻两端输出是高通电路,那么在 *RL* 电路中,从电阻两端输出就一定是低通电路;而从电感两端输出即为高通电路。

RL 低通电路如图 7-8 所示。电路的网络函数为

$$H(\mathrm{j}\omega) = \frac{\dot{U}_O}{\dot{U}_I} = \frac{R}{R + \mathrm{j}\omega L} = \frac{1}{1 + \mathrm{j}\dfrac{\omega L}{R}} = \frac{1}{\sqrt{1 + \left(\dfrac{\omega L}{R}\right)^2}} \angle -\arctan\frac{\omega L}{R}$$

从电压传递函数可以看出,随着频率的升高,输出和输入电压幅值的比值逐渐减小,截止角频率 $\omega_c = \dfrac{R}{L}$,截止频率 $f_c = \dfrac{\omega_c}{2\pi} = \dfrac{R}{2\pi L}$。当 $\omega > \omega_c$ 时,$|H(\mathrm{j}\omega)| < 0.707$,说明这是一个低通滤波电路。

RL 高通电路如图 7-9 所示。电压转移函数为

$$H(\mathrm{j}\omega) = \frac{\dot{U}_O}{\dot{U}_I} = \frac{\mathrm{j}\omega L}{R + \mathrm{j}\omega L} = \frac{\omega L}{\sqrt{R^2 + (\omega L)^2}} \angle \left(90° - \arctan\frac{\omega L}{R}\right)$$

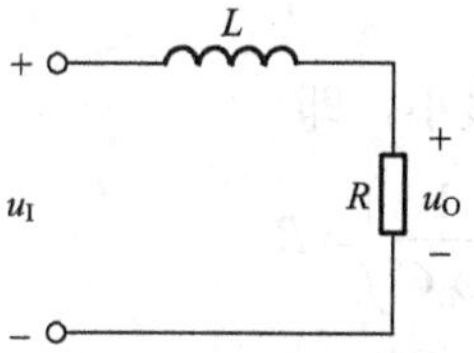

图 7-8 *RL* 低通电路 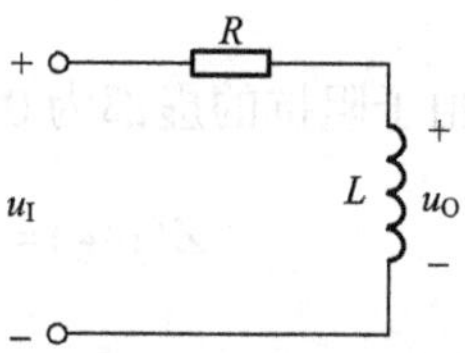 　　　　　　 图 7-9 *RL* 高通电路

截止角频率 $\omega_c = \dfrac{R}{L}$。当 $\omega > \omega_c$ 时,$|H(\mathrm{j}\omega)| > 0.707$,说明这是一个高通滤波电路。

请自行绘制 *RL* 电路的频率特性曲线。

7.4 谐 振 电 路

在仅含有单一类型动态元件的交流电路中,电路不是显感性就是显容性,电压和电流不会出现同相的情况。在同时含有电感和电容的交流电路中,随着激励频率的变化,若对应某一个频率的电路显电阻性,即发生电压和电流同相的现象则称为谐振。在串联电路中发生的电压电流同相的现象称为串联谐振,而在并联电路中发生的电压电流同相的现象称为并联谐振。

谐振现象在电工电子技术中得到了广泛的应用,但是在电力系统中,发生谐振可能会使系统不能正常工作。

7.4.1　*RLC* 串联谐振电路

　　由 *RLC* 组成的串联电路如图 7-10 所示，设正弦交流电压 $u = \sqrt{2}U\cos(\omega t + \varphi_u)$，其频率可调。电路的阻抗为

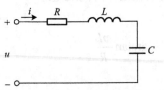

图 7-10　串联谐振电路

$$Z(\mathrm{j}\omega) = R + \mathrm{j}\left(\omega L - \frac{1}{\omega C}\right)$$

　　当 $\omega L - \dfrac{1}{\omega C} = 0$ 时，阻抗的虚部为零，电路显电阻性，即总电压和总电流同相，电路发生谐振现象，根据谐振的条件，可得到该串联电路的谐振角频率 $\omega_0 = \dfrac{1}{\sqrt{LC}}$，谐振频率

$f_0 = \dfrac{1}{2\pi\sqrt{LC}}$。可以看出，谐振频率与 L 和 C 有关，而与电阻 R 无关。当电路给定时，谐振频率就确定了，谐振频率是电路的一种固有性质，所以又称为"固有频率"。如果要更改电路的谐振频率，就需要重新选择元件使参数满足新的谐振频率。虽然谐振频率和激励无关，但是电路能否发生谐振与激励有关，只有激励频率等于电路的固有频率，电路才能发生谐振。

　　发生谐振时，由于阻抗的虚部为 0，此时阻抗最小，即

$$Z(\mathrm{j}\omega_0) = R + \mathrm{j}\left(\omega_0 L - \frac{1}{\omega_0 C}\right) = R$$

　　当激励电压有效值 U 不变时，谐振时电路中电流最大，记作 I_0，此最大值为

$$I_0 = \frac{U}{|Z|} = \frac{U}{R} \tag{7.2}$$

　　RLC 串联电路中电流有效值随频率变化的曲线称为谐振曲线，如图 7-11 所示。对应谐振频率，曲线出现了峰值，最大值 I_0 又称为谐振峰，谐振峰与 *LC* 无关，仅与电阻 R 相关。

　　谐振时阻抗的虚部为 0，说明 *LC* 串联电压和为 0，而各自的电压都不为 0，且大小相等但反相，两者完全抵消，所以串联谐振又称为电压谐振。

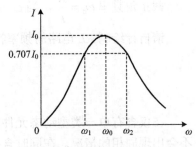

图 7-11　*RLC* 串联电路的谐振曲线

　　由于电压和为 0，串联谐振时 *LC* 串联部分的电路相当于短路。电阻两端的电压即为电路的总电压，即

$$U_R = RI_0 = U$$

　　由于谐振时电流达到最大，故电阻上的电压也达到最大。可通过测量电阻的电压是否达到最大值来判断电路是否发生了谐振。

　　为了衡量谐振程度，定义谐振时电感或电容的电压与电源电压有效值之比为品质因数，用 Q 表示，由于流过串联元件的电流为同一电流，故有

$$Q = \frac{U_L(\mathrm{j}\omega_0)}{U} = \frac{U_C(\mathrm{j}\omega_0)}{U} = \frac{\omega_0 L}{R} = \frac{1}{\omega_0 CR} = \frac{1}{R}\sqrt{\frac{L}{C}} \tag{7.3}$$

由式 (7.3) 可见，当 $Q>1$ 时，有 $U_L = U_C > U$，说明电感和电容的电压会超过电源电压，称为过电压现象。过电压在电力系统中可能会造成元件的损坏，要注意避免。

RLC 串联电路中的阻抗、电流和电压都与频率有关，都是频率 ω 的函数。

从谐振曲线可以看到，RLC 串联电路有两个截止频率 ω_1 和 ω_2，对应的电流为最大值的 0.707 倍，即 $\frac{1}{\sqrt{2}}$，由于

$$I = \frac{U}{|Z|} = \frac{U}{\sqrt{R^2 + \left(\omega L - \dfrac{1}{\omega C}\right)^2}}$$

当 $\left|\omega L - \dfrac{1}{\omega C}\right| = R$ 时，满足此条件：

$$I = \frac{U}{\sqrt{R^2 + R^2}} = \frac{U}{\sqrt{2}R} = \frac{1}{\sqrt{2}}I_0$$

由此可以得到

$$\omega_1 = -\frac{R}{2L} + \sqrt{\left(\frac{R}{2L}\right)^2 + \frac{1}{LC}} \tag{7.4}$$

$$\omega_2 = \frac{R}{2L} + \sqrt{\left(\frac{R}{2L}\right)^2 + \frac{1}{LC}} \tag{7.5}$$

同时有

$$\omega_0 = \sqrt{\omega_1 \omega_2} \tag{7.6}$$

在 $\omega_1 \sim \omega_2$ 范围内，输出信号的幅值均大于最大值的 0.707 倍，这个范围称为通频带（简称通带），通带之外的频率范围称为阻带。两个截止频率的差定义为带宽（Bandwidth），记作 BW。

$$\mathrm{BW} = \omega_2 - \omega_1 \tag{7.7}$$

把式 (7.4) 和式 (7.5) 代入式 (7.7)，可得

$$\mathrm{BW} = \frac{R}{L} \tag{7.8}$$

带宽的表达式也可以写成其他形式，由

$$Q = \frac{\omega_0 L}{R}$$

可得

$$\frac{R}{L} = \frac{\omega_0}{Q}$$

即

$$BW = \frac{\omega_0}{Q} \tag{7.9}$$

式 (7.9) 说明带宽和品质因数成反比。电阻 R 不仅能调节谐振峰，还能改变带宽，R 越小，品质因数 Q 越大，则带宽越窄。当电源电压与 L 和 C 的参数不变时，改变电阻的大小，可以得到品质因数与谐振曲线的关系，如图 7-12 所示。由图 7-12 可见，Q 值越大，带宽越窄，曲线越尖锐。当谐振时电流达到峰值，而偏离谐振点时，电流将下降，曲线越尖锐，电流下降得也就越快。这说明谐振电路对谐振频率的信号具有选择性，对非谐振频率的信号具有较强的抑制能力。

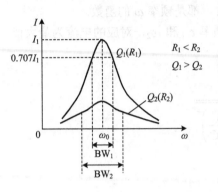

图 7-12　品质因数与谐振曲线的关系

说明：角频率和频率是 2π 倍的关系，经常也把角频率称为频率，但是可以从使用的符号是 ω 还是 f，或数值的单位加以区分。前面关于带宽的公式实为角频率，如果使用 Hz 作单位，那么需要把角频率除以 2π。

谐振时电压和电流同相，电路的功率因数等于 1。电容和电感的无功功率完全补偿，它们之间进行着完全的能量交换，电路的无功功率为零。

【例 7-2】　某 RLC 串联电路的固有频率为 1kHz，品质因数 $Q=10$，$L=2$mH。计算电路的带宽 BW、电阻 R 和电容 C 的值。

解　$BW = \dfrac{\omega_0}{Q} = \dfrac{2\pi f_0}{Q} = \dfrac{2\pi \times 1000}{10} = 628$ (rad/s) 或 $BW = \dfrac{f_0}{Q} = \dfrac{1000}{10} = 100$ (Hz)；

由 $Q = \dfrac{\omega_0 L}{R}$，可得 $R = 1.26\Omega$；

由 $f_0 = \dfrac{1}{2\pi\sqrt{LC}}$，可得 $C = 12.7\mu F$。

电路仿真——串联谐振

图 7-13 为串联谐振的仿真电路及其频率特性曲线。图 7-13(a) 的仿真电路中两条支路都是 RLC 串联电路，电感和电容取值相等，则两条支路的固有频率相同；电阻值不同，品质因数不同，电阻值小的电路品质因数 Q 大，幅频特性曲线更尖锐。仿真前在仿真菜单中进行"分析和仿真"设置，选择交流扫描，频率范围 100Hz~10kHz，观察两个电阻电压的频率特性。

运行仿真后，自动弹出频率响应曲线的图形化窗口，如图 7-13(b) 所示。在幅频 (Magnitude-Frequency) 特性曲线中，可以看出峰值出现时对应的频率是一样的，尖锐一些的曲线为 1Ω 电阻的电压频响特性，通频带较窄；在相频 (Phase-Frequency) 特性曲线中，可以看出峰值频率的相位为 0，说明在此频率，电路发生了串联谐振。打开游标功能，拖动标尺可以显示对应位置的频率及幅值和相位。拖动标尺到峰值处，可以读出谐振频率数值。

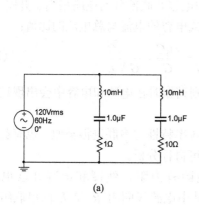

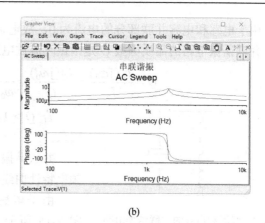

(a)   (b)

图 7-13   电路仿真——串联谐振

7.4.2   *RLC* 并联谐振电路

如图 7-14 所示的电路为 *RLC* 并联谐振电路，当其电压和电流同相时，说明电路发生了谐振，由于发生在并联电路中，所以称为并联谐振。并联电路的导纳为

$$Y(\mathrm{j}\omega) = \frac{1}{R} + \mathrm{j}\left(\omega C - \frac{1}{\omega L}\right) = G + \mathrm{j}\left(\omega C - \frac{1}{\omega L}\right)$$

并联谐振条件为

$$\mathrm{Im}[Y(\mathrm{j}\omega_0)] = 0$$

可得谐振角频率 ω_0 和频率 f_0：

图 7-14   并联谐振电路

$$\omega_0 = \frac{1}{\sqrt{LC}}$$

$$f_0 = \frac{1}{2\pi\sqrt{LC}}$$

注意：并不是每一个电路的谐振频率都是 $\dfrac{1}{2\pi\sqrt{LC}}$，具体的谐振频率根据电路的结构和参数计算。

并联谐振时，输入导纳最小，即

$$Y(\mathrm{j}\omega_0) = G + \mathrm{j}\left(\omega_0 C - \frac{1}{\omega_0 L}\right) = G$$

或者说输入阻抗最大，$Z(\mathrm{j}\omega_0) = R$。

谐振时端电压达到最大值：

$$U(\mathrm{j}\omega_0) = \left|Z(\mathrm{j}\omega_0)\right| I_{\mathrm{S}} = RI_{\mathrm{S}}$$

可以根据这一现象判别并联电路是否发生了谐振。

并联谐振时有 $\dot{I}_L + \dot{I}_C = 0$，所以并联谐振又称为电流谐振。

由于电感和电容并联部分的电流为 0，故电感和电容并联部分的电路相当于开路。

并联谐振电路的品质因数 Q 是谐振时流过电感或电容的电流与总电流的比值：

$$Q = \frac{I_L(\mathrm{j}\omega_0)}{I_S} = \frac{I_C(\mathrm{j}\omega_0)}{I_S} = \frac{1}{\omega_0 L G} = \frac{\omega_0 C}{G} = \frac{1}{G}\sqrt{\frac{C}{L}} \tag{7.10}$$

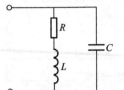

若 $Q > 1$，则谐振时在电感和电容中会出现过电流现象。

并联谐振的频率特性与串联谐振类似，也有类似的频率特性曲线。可自行分析。

由于电感线圈有内阻，线圈和电容并联电路如图 7-15 所示，其中电感线圈用 R 和 L 的串联组合来表示。

图 7-15　线圈和电容的并联谐振电路

电路的导纳为

$$Y = \frac{1}{R + \mathrm{j}\omega L} + \mathrm{j}\omega C = \frac{R}{R^2 + (\omega L)^2} + \mathrm{j}\left[\omega C - \frac{\omega L}{R^2 + (\omega L)^2}\right]$$

根据谐振定义，发生谐振时导纳的虚部为零，则谐振条件为

$$\omega_0 C = \frac{\omega_0 L}{R^2 + (\omega_0 L)^2}$$

可解出并联谐振时的角频率为

$$\omega_0 = \frac{1}{\sqrt{LC}}\sqrt{1 - \frac{CR^2}{L}} \tag{7.11}$$

通常线圈的内阻很小，谐振时 $R \ll \omega_0 L$，则谐振条件为

$$\omega_0 C \approx \frac{1}{\omega_0 L}$$

谐振角频率近似为

$$\omega_0 \approx \frac{1}{\sqrt{LC}}$$

当感性电路并联电容提高功率因数时，若把功率因数提高到 1，总电压和总电流同相，则整个电路发生了谐振。

RLC 串联谐振电路和 RLC 并联谐振电路是最基础的谐振电路。多个电容和电感构成的电路可能既会发生串联谐振又会发生并联谐振，当然根据电路的结构和参数，这两个谐振频率不会相等。从电路的设计角度看，如果一个电路既要提取信号又要消除不同频率的噪声(干扰信号或不需要的信号)，只有一个电容和一个电感是不够的。分析和设计这类电路要根据电路的阻抗，从谐振的定义出发，若电抗为 0，对应的是串联谐振；电抗趋于无穷，则对应的是并联谐振。

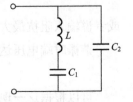

【例 7-3】　如图 7-16 所示的电路在哪些频率时短路或开路？

图 7-16　例 7-3 图

解 该电路的阻抗为

$$Z = \frac{\mathrm{j}\left(\omega L - \dfrac{1}{\omega C_1}\right) \times \left(-\mathrm{j}\dfrac{1}{\omega C_2}\right)}{\mathrm{j}\left(\omega L - \dfrac{1}{\omega C_1}\right) + \left(-\mathrm{j}\dfrac{1}{\omega C_2}\right)} = \mathrm{j}\frac{1}{\omega C_2} \times \frac{\left(\dfrac{1}{\omega C_1} - \omega L\right)}{\omega L - \dfrac{1}{\omega C_1} - \dfrac{1}{\omega C_2}}$$

当阻抗虚部的分子等于 0 时，即

$$\frac{1}{\omega_{01} C_1} - \omega_{01} L = 0$$

可得

$$\omega_{01} = \frac{1}{\sqrt{LC_1}}$$

此时阻抗 $Z=0$，电路发生串联谐振，电路相当于短路。

当电抗的分母为 0 时，即

$$\omega_{02} L - \frac{1}{\omega_{02} C_1} - \frac{1}{\omega_{02} C_2} = 0$$

可得

$$\omega_{02} = \frac{1}{\sqrt{L\dfrac{C_1 C_2}{C_1 + C_2}}}$$

此时阻抗的模趋于无穷，电路发生并联谐振，相当于开路。

注意到电抗的分母还有一个因子 ω，当 $\omega=0$ 时，阻抗的模也趋于无穷，电路相当于开路；而当 $\omega \to \infty$ 时，阻抗的模趋于 0，电路相当于短路。

7.5 滤 波 器

滤波器可以根据需求使输入信号中特定的频率成分通过,而极大地衰减其他频率成分,是一种选频装置。滤波器可以用来提取信号或消除干扰噪声。能够通过滤波器的频率信号范围构成通带(Pass-bands)，而被衰减的频率信号则不能在输出端输出,这些被衰减的信号频率范围构成阻带(Stop-bands)。通带与阻带交界点的频率称为截止频率。根据滤波器的幅频特性曲线，通常可以把滤波器分为低通、高通、带通和带阻四种类型。实现各种滤波功能的电路有很多，由电感和电容构成的无源滤波器是最基本的滤波电路。

低通滤波器使低频信号能够通过，而使高频信号衰减。例如，直流电源在整流后为了得到平滑的直流电压，就需要使用低通滤波电路滤掉高频成分。前面介绍的以电容作为输出的 RC 电路和以电阻作为输出的 RL 电路都是低通滤波器。

高通滤波器使高频信号能够通过，而抑制低频信号或直流成分。前面介绍的以电阻作为输出的 RC 电路和以电感作为输出的 RL 电路都是高通滤波器。

带通滤波器用来提取一定频率范围的信号，使频率范围之外的信号衰减。以电阻作为

输出的 RLC 电路构成带通滤波器。带通滤波器的幅频特性曲线如图 7-17 所示。

RC 串并联电路也是一种带通滤波器，它是 RC 振荡电路中的选频网络，如图 7-18 所示。

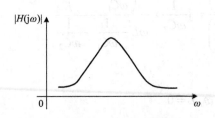

图 7-17　带通滤波器的幅频特性曲线

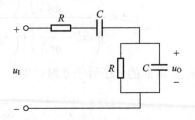

图 7-18　RC 串并联电路

该电路的网络函数为

$$H(\mathrm{j}\omega) = \frac{\dot{U}_{\mathrm{O}}}{\dot{U}_{\mathrm{I}}} = \frac{\dfrac{R \times \dfrac{1}{\mathrm{j}\omega C}}{R + \dfrac{1}{\mathrm{j}\omega C}}}{R + \dfrac{1}{\mathrm{j}\omega C} + \dfrac{R \times \dfrac{1}{\mathrm{j}\omega C}}{R + \dfrac{1}{\mathrm{j}\omega C}}} = \frac{\mathrm{j}\omega RC}{(1 + \mathrm{j}\omega RC)^2 + \mathrm{j}\omega RC} = \frac{1}{3 + \mathrm{j}\left(\omega RC - \dfrac{1}{\omega RC}\right)}$$

当 $\omega = \omega_0 = \dfrac{1}{RC}$ 时，输出电压最大，为输入电压幅值的 1/3，输出电压和输入电压同相。

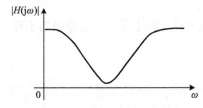

图 7-19　带阻滤波器的幅频特性曲线

带阻滤波器使一定频率范围的信号不能通过，常用来消除干扰。以 LC 串联部分作为输出的 RLC 串联电路可构成带阻滤波器。带阻滤波器的幅频特性曲线如图 7-19 所示。

任何单一喇叭都不可能完美地将各个频段的声音重放出来。音箱中广泛使用分频器还原各频段的声音，常见的有二分频器和三分频器。三分频器将输入的模拟音频信号分离成高音、中音、低音等不同部分，然后分别送入相应的高音、中音、低音喇叭单元中重放。

使用二分频的音箱由两个口径不同的喇叭构成：口径大的为低音喇叭，口径小的为高音喇叭。二分频器将音频信号分离成高音和低音，分别送入高音和低音喇叭。喇叭在电路中相当于电阻，低音和高音喇叭作为电路的输出，对应的电路为低通电路和高通电路，可以分别应用以电阻为输出的 RL 电路和 RC 电路来实现，如图 7-20 所示。

如果音箱由高音、中音、低音 3 个喇叭单元构成，中音喇叭的电路如何实现？请自己思考。

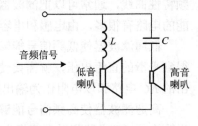

图 7-20　二分频器电路示意图

本 章 小 结

由于感抗和容抗与频率相关，当交流激励的频率发生变化时，电路中响应的大小和相位也将发生改变，这种情况即为电路的频率响应或频率特性。频率特性是电路的一个固有特性，与激励无关，当电路的结构和参数确定时，电路中响应和激励的关系可以通过网络函数描述，包含幅频特性和相频特性的频率特性曲线可以直观反映电路的频率响应情况。

基本的 RC 电路和 RL 电路中，从不同元件两端取输出信号可得到低通和高通频率特性。随着频率变化，基本的 RLC 串联和并联电路会出现端电压和端电流同相的情况，即谐振现象，谐振频率由电路的结构和参数决定。串联谐振时，电路的阻抗最小，谐振部分相当于短路；而并联谐振时，电路的导纳最小，谐振部分相当于开路。多个电感和电容构成的电路，可根据定义计算出谐振频率。谐振程度可通过品质因数 Q 体现，谐振时可能会出现过电压或过电流的情况，需合理利用或避免。

截止频率和谐振频率是不同的概念，输出信号下降到最大值的 0.707 倍时对应的频率为截止频率。带宽或通频带反映了电路对交流信号的通过能力，带宽越窄，信号的通过能力越差，电路的选择性越好。选择或抑制不同频率的交流信号可通过不同类型的滤波器来实现。

思 考 题

7-1 产生频率响应的原因是什么？

7-2 研究频率响应的目的是什么？

7-3 网络函数的变量是什么？如何描述网络函数的频率特性？

7-4 串联谐振的特点是什么？

7-5 并联谐振的特点是什么？

7-6 滤波器的分类有几种？如何构成简单的滤波器？

习 题

7-1 电路如题 7-1 图所示，写出电压传递函数的表达式，计算电路截止频率，定性画出频率特性曲线(包括幅频特性曲线和相频特性曲线)。

7-2 电路如题 7-2 图所示，写出电压传递函数的表达式，计算电路截止频率，定性画出频率特性曲线。

7-3 电路如题 7-3 图所示，写出电压传递函数的表达式，定性画出频率特性曲线。

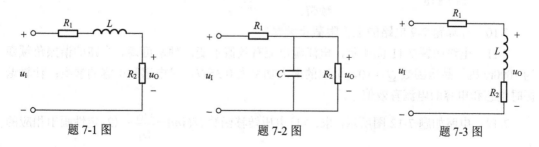

题 7-1 图   题 7-2 图   题 7-3 图

7-4　求题 7-4 图所示电路的谐振频率。

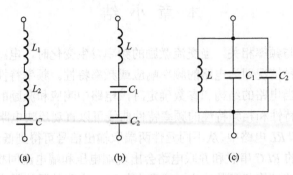

（a）　　　　　（b）　　　　　（c）

题 7-4 图

7-5　求题 7-5 图所示电路的谐振频率。串联谐振和并联谐振的频率哪个高？如果保持并联谐振的频率不变，如何设计电路，可以改变两个谐振频率的大小关系？

7-6　求题 7-6 图所示电路的谐振频率。串联谐振和并联谐振的频率哪个高？如果保持串联谐振的频率不变，如何设计电路，可以改变两个谐振频率的大小关系？

7-7　如题 7-7 图所示的电路中，已知 $u_S(t) = 9\cos 200t + 3\cos 600t\text{V}$，$u_O(t) = 3\cos 600t\text{V}$，$C = 40\mu\text{F}$，求电感 L_1 和 L_2 的值。

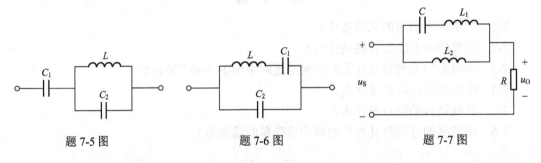

题 7-5 图　　　　　题 7-6 图　　　　　题 7-7 图

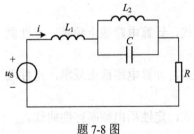

题 7-8 图

7-8　如题 7-8 图所示的电路中，已知正弦交流电压源的电压有效值不变，频率可调，当电路中的电流最大和最小时，对应的频率分别是多少？已知 $L_1 = 5\text{mH}$，$L_2 = 20\text{mH}$，$C = 50\mu\text{F}$。

7-9　RLC 串联电路中，三个元件的参数分别为 10Ω、5mH、$2\mu\text{F}$，计算电路的谐振频率、品质因数和通频带。

7-10　计算题 7-9 电路的上下限截止频率。

7-11　电路如题 7-11 图所示，电流源电流有效值不变，频率可调。电路的谐振角频率为 1000rad/s，品质因数 $Q = 10$，电阻的最大功率为 0.36W，求电感和电容的参数；计算谐振时电感和电容的电流有效值。

7-12　电路如题 7-12 图所示，求：（1）电压转移函数 $H(j\omega) = \dfrac{\dot{U}_O}{\dot{U}_I}$；（2）定性画出相应的

频率特性曲线；(3)本电路属于哪类滤波器？

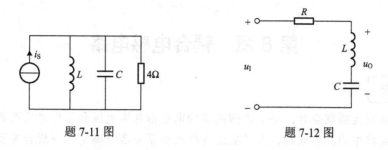

题 7-11 图　　　　　　　　　　　题 7-12 图

　　7-13　设计一个二分频音箱电路，已知低音和高音喇叭的等效电阻均为 8Ω，分频点为 2.5kHz，画出电路图，并计算元件参数。分频点为两个分频器频率响应互相交叉处的频率，对应各滤波器的截止频率。

　　7-14　设计一个三分频音箱电路，已知低音、中音和高音喇叭的等效电阻均为 8Ω，分频点分别为 1kHz 和 5kHz，画出电路图，并计算元件参数。

第8章　耦合电感电路

本章提要

　　两个线圈发生磁耦合时，每个线圈两端的电压由自感电压和互感电压两部分组成。本章介绍交流电路中的互感电路，互感电压的极性根据同名端确定。分析含有互感的电路通常采用去耦法得到无互感的去耦等效电路，等效电路中元件的参数和同名端的位置相关。理想变压器是传递能量的器件，可实现变电压、变电流和变阻抗的功能。

8.1　互　　感

　　如果电感线圈通电流产生的磁通是变化的，那么将在电感两端产生感应电压，这个电压称为自感电压，当电感的电压和电流为关联参考方向时，$u = L \dfrac{\mathrm{d}i}{\mathrm{d}t}$，$L$ 称为自感系数。

　　当两个电感线圈 L_1 和 L_2 通电产生的磁场发生磁耦合时，即一个通电线圈产生的磁场部分或全部通过另一个线圈，将在另一个线圈产生感应电压，称为互感电压，$u = M \dfrac{\mathrm{d}i}{\mathrm{d}t}$，$M$ 称为互感系数，单位为 H，当两个电感耦合时，互感系数相等。根据互感电压的产生特点，可以把互感电压看作一个电流控制的电压源。

　　两个电感的磁耦合程度用耦合系数 k 来表示，耦合系数定义为

$$k = \frac{M}{\sqrt{L_1 L_2}} \tag{8.1}$$

式中，耦合系数 $k \leqslant 1$。

　　对于发生磁耦合的两个电感，它们的电压包含自感电压和互感电压两部分。自感电压的正负由自身电压电流的参考方向决定，而互感电压的正负取值需借助同名端的概念来确定。两个电感分别通电流，若产生的磁通方向一致，则流入电流的两个端子互为同名端，在电路中用相同的记号标注，如图 8-1 所示，图 8-1 中的圆点 "·" 为同名端标记。当然流出电流的两个端子也互为同名端。

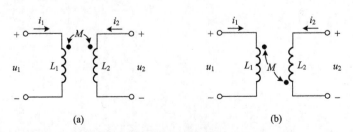

(a)　　　　　　　　　　　　(b)

图 8-1　互感的同名端

若一个电感的电压"+"极端子和另一个电感流入电流的端子互为同名端，则互感电压取正；若一个电感的电压"+"极端子和另一个电感流入电流的端子互为异名端，则互感电压取负。

电路中的互感会标注同名端，并给出互感系数。在列写含有互感关系的电感电压时，需要先假设每个电感的电压和电流参考方向，有了参考方向才能正确写出电压表达式。

图 8-1(a)中两个互感的电压分别为

$$u_1 = L_1 \frac{\mathrm{d}i_1}{\mathrm{d}t} + M \frac{\mathrm{d}i_2}{\mathrm{d}t}$$
$$u_2 = L_2 \frac{\mathrm{d}i_2}{\mathrm{d}t} + M \frac{\mathrm{d}i_1}{\mathrm{d}t}$$

(8.2)

图 8-1(b)中两个互感的电压分别为

$$u_1 = L_1 \frac{\mathrm{d}i_1}{\mathrm{d}t} - M \frac{\mathrm{d}i_2}{\mathrm{d}t}$$
$$u_2 = L_2 \frac{\mathrm{d}i_2}{\mathrm{d}t} - M \frac{\mathrm{d}i_1}{\mathrm{d}t}$$

(8.3)

【例 8-1】　计算图 8-2 所示电路的等效阻抗。

解　互感电路为交流电路的一种特殊情况，故分析和计算仍应用相量法。两个互感并联，各支路电压和电流关系为

$$\dot{U} = \mathrm{j}\omega L_1 \dot{I}_1 + \mathrm{j}\omega M \dot{I}_2$$
$$\dot{U} = \mathrm{j}\omega L_2 \dot{I}_2 + \mathrm{j}\omega M \dot{I}_1$$
$$\dot{I} = \dot{I}_1 + \dot{I}_2$$

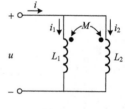

图 8-2　例 8-1 图

整理后，可得等效阻抗为

$$Z_{\mathrm{eq}} = \frac{\dot{U}}{\dot{I}} = \mathrm{j}\omega \frac{L_1 L_2 - M^2}{L_1 + L_2 - 2M}$$

8.2　互感电路的分析

图 8-3(a)所示电路中两个互感串联，总电压为

$$u = u_1 + u_2 = L_1 \frac{\mathrm{d}i}{\mathrm{d}t} + M \frac{\mathrm{d}i}{\mathrm{d}t} + L_2 \frac{\mathrm{d}i}{\mathrm{d}t} + M \frac{\mathrm{d}i}{\mathrm{d}t} = (L_1 + M)\frac{\mathrm{d}i}{\mathrm{d}t} + (L_2 + M)\frac{\mathrm{d}i}{\mathrm{d}t}$$

(8.4)

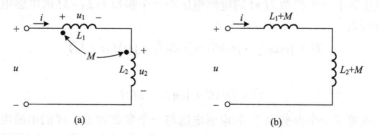

图 8-3　互感同向串联

　　根据总电压的表达式，可以得到等效电路如图 8-3(b)所示。等效电路中的电感无耦合关系，故称为去耦等效电路。把互感电路等效为去耦电路，称为去耦法。

　　本电路中，L_1 的异名端与 L_2 的同名端连在一起，为同向串联。由计算结果可以看出，同向串联时，等效电感增大。互感起到增强电感的作用。同理可得出，两个互感反向串联时，如图 8-4(a)所示，等效电感减小，如图 8-4(b)所示，互感起削弱电感的作用。

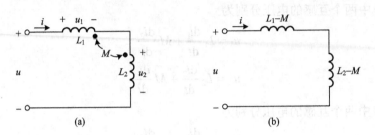

图 8-4　互感反向串联

　　图 8-5(a)所示电路中两个互感并联，根据电流的参考方向，有

$$\dot{I} = \dot{I}_1 + \dot{I}_2$$

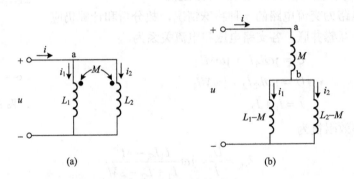

图 8-5　互感同侧并联

　　L_1 支路方程为

$$\dot{U} = j\omega L_1 \dot{I}_1 + j\omega M \dot{I}_2 = j\omega L_1 \dot{I}_1 + j\omega M(\dot{I} - \dot{I}_1)$$

即

$$\dot{U} = j\omega M \dot{I} + j\omega(L_1 - M)\dot{I}_1 \tag{8.5}$$

该支路电压等于一个参数为 M 的电感电压与一个参数为 $L_1 - M$ 的电感电压之和。

　　L_2 支路方程为

$$\dot{U} = j\omega L_2 \dot{I}_2 + j\omega M \dot{I}_1 = j\omega L_2 \dot{I}_2 + j\omega M(\dot{I} - \dot{I}_2)$$

即

$$\dot{U} = j\omega M \dot{I} + j\omega(L_2 - M)\dot{I}_2 \tag{8.6}$$

该支路电压等于一个参数为 M 的电感电压与一个参数为 $L_2 - M$ 的电感电压之和。

　　根据式(8.5)和式(8.6)，这两个互感并联的电路可以等效为图 8-5(b)所示的去耦电路。

等效电路中的电感无耦合关系，可通过阻抗的串并联得到等效阻抗，对照例 8-1，可看出互感并联应用去耦法计算更方便。

本电路中两个互感并联，同名端在同一侧连接，称为同侧并联。若异名端连接在一起，则称为异侧并联。

注意： 等效电路中的两个并联电感的公共端点 b 不是互感并联电路中的端点 a。

同理可得出，互感异侧并联，如图 8-6(a) 所示，其去耦等效电路如图 8-6(b) 所示。等效电感–M 实为电容属性，为了和同侧并联等效电路形式统一，仍采用电感元件符号表示。

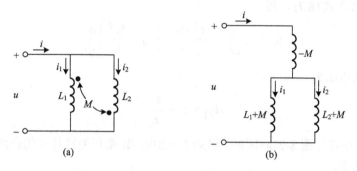

图 8-6 互感异侧并联

当互感出现在 T 形结构中的两条支路时，仍然可以采用上面的方法得到去耦等效电路。两个互感所在支路中的等效电感分别为 $L_1 \pm M$ 和 $L_2 \pm M$，M 前的正负号一致，和同名端的位置有关；第三条支路等效出一个参数为 $\pm M$ 的电感，正负取值和另两个等效电感参数中 M 前的符号相反。图 8-7 所示为两种情况下的 T 形电路及其去耦电路。图 8-7 (a) 的互感关系可以按照同侧并联的情况等效，图 8-7 (b) 的互感关系可以按照异侧并联的情况等效。请自行推导。

T 形结构中耦合电感的等效

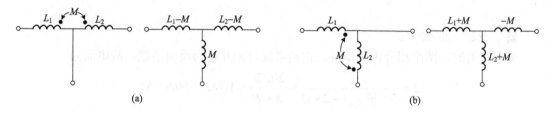

图 8-7 互感在 T 形结构中的等效电路

如果两个耦合电感出现在不相邻的两条支路，不是串联或并联(包括 T 形结构)的连接方式，将得不到去耦等效电路。这种情况可分别列两个耦合电感的电压表达式，或把互感电压用受控源代替，然后再进行电路的分析和计算。

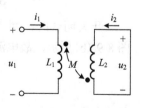

图 8-8 例 8-2 图

【例 8-2】 计算图 8-8 所示电路的等效电感。

解 分别列出两个耦合电感的电压方程：

$$u_1 = L_1 \frac{\mathrm{d}i_1}{\mathrm{d}t} - M \frac{\mathrm{d}i_2}{\mathrm{d}t} \tag{8.7}$$

$$u_2 = L_2 \frac{\mathrm{d}i_2}{\mathrm{d}t} - M \frac{\mathrm{d}i_1}{\mathrm{d}t} \tag{8.8}$$

由于电感 L_2 短路，故两端电压为 0，即式 (8.8) 等于 0，可得

$$\frac{\mathrm{d}i_2}{\mathrm{d}t} = \frac{M}{L_2} \frac{\mathrm{d}i_1}{\mathrm{d}t} \tag{8.9}$$

把式 (8.9) 代入式 (8.7)，得

$$u_1 = L_1 \frac{\mathrm{d}i_1}{\mathrm{d}t} - \frac{M^2}{L_2} \frac{\mathrm{d}i_1}{\mathrm{d}t} = \left(L_1 - \frac{M^2}{L_2} \right) \frac{\mathrm{d}i_1}{\mathrm{d}t}$$

电路的等效电感为

$$L_{\mathrm{eq}} = L_1 - \frac{M^2}{L_2}$$

【**例 8-3**】　电路如图 8-9 (a) 所示，已知 $U = 20\mathrm{V}$，计算开关打开和闭合两种情况下的电流及电路的复功率。

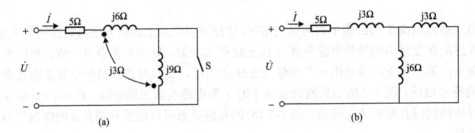

图 8-9　例 8-3 图

解　设 $\dot{U} = 20\angle 0° \mathrm{V}$。

开关打开时，两个耦合电感串联，由同名端可知互感为反向串联，故电流为

$$\dot{I} = \frac{\dot{U}}{5 + \mathrm{j}6 + \mathrm{j}9 - 2 \times \mathrm{j}3} = \frac{20\angle 0°}{5 + \mathrm{j}9} = 1.94\angle -60.9° (\mathrm{A})$$

复功率为

$$\overline{S} = \dot{U}\dot{I}^* = 20\angle 0° \times 1.94\angle 60.9° = 38.8\angle 60.9° (\mathrm{V \cdot A})$$

开关闭合时，两个耦合电感并联，由同名端可知互感为同侧并联，去耦等效电路如图 8-9 (b) 所示，故电流为

$$\dot{I} = \frac{\dot{U}}{5 + \mathrm{j}3 + \mathrm{j}6 \,/\!/\, \mathrm{j}3} = \frac{20\angle 0°}{5 + \mathrm{j}5} = 2.83\angle -45° (\mathrm{A})$$

复功率为

$$\overline{S} = \dot{U}\dot{I}^* = 20\angle 0° \times 2.83\angle 45° = 56.6\angle 45° (\mathrm{V \cdot A})$$

8.3　理想变压器

　　变压器是一种常用的电气设备，是耦合电感在工程上的实际应用。变压器除了在输电用电上广泛应用，在电子系统中还用来耦合电路、传递信号。变压器中接电源的电感线圈称为初级绕组、一次绕组或原边，线圈匝数为 N_1；接负载的电感线圈称为次级绕组、二次绕组或副边，线圈匝数为 N_2。

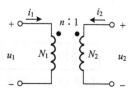

图 8-10　理想变压器

　　理想变压器是变压器理想化的模型，可以把原边吸收的电能全部传递给副边，本身无损耗，图形符号如图 8-10 所示。变比 n 等于原边和副边匝数比，即

$$n = \frac{N_1}{N_2} \tag{8.10}$$

　　在图 8-10 所示的同名端和电压电流参考方向下，理想变压器的电压比和电流比为

$$u_1 = nu_2$$
$$i_1 = -\frac{1}{n}i_2 \tag{8.11}$$

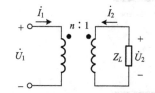

图 8-11　变压器的变阻抗功能

　　一个负载接到理想变压器的副边，如图 8-11 所示，从原边看进去的等效阻抗为

$$Z_{\text{eq}} = \frac{\dot{U}_1}{\dot{I}_1} = \frac{n\dot{U}_2}{-\frac{1}{n}\dot{I}_2} = n^2\left(-\frac{\dot{U}_2}{\dot{I}_2}\right) = n^2 Z_L \tag{8.12}$$

　　式(8.12)说明变压器把副边的阻抗折算到原边时，其等效阻抗为副边阻抗的变比平方倍，实现了阻抗变换。变压器的变阻抗功能为固定负载获得最大功率提供了可能。

　　【例 8-4】　图 8-12(a) 所示的正弦交流电路中，$U_S = 12V$，4Ω 负载如何得到最大功率？

　　解　4Ω 负载的电阻和外电路的电阻不相等，得到的功率较小，仅为

$$P_1 = \left(\frac{12}{100+4}\right)^2 \times 4 = 53.3(\text{mW})$$

　　如果要得到最大功率，可以通过变压器把负载连接到电路中，如图 8-12(b) 所示。如果折算到原边的电阻等于 100Ω，满足最大功率传输的条件，负载即可得到最大功率。

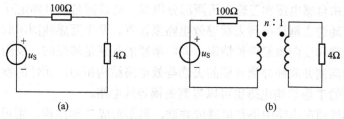

(a)　　　　　　　　　　(b)

图 8-12　例 8-4 图

负载获得最大功率时，理想变压器的变比应为

$$n = \sqrt{\frac{100}{4}} = 5$$

负载得到的最大功率为

$$P_2 = \frac{12^2}{4 \times 100} = 0.36(\text{W})$$

电路仿真——容性负载获得最大功率

仿真电路如图 8-13 所示。仿真的两个电路具有相同的容性负载和相同的外电路，一个直接连接，另一个通过变比为 10 的变压器连接，添加功率表测量容性负载的功率。通过仿真可以看出，对于直连的电路，其负载的功率不到 1W；对于通过变压器连接的电路，其负载获得了更大的功率。经计算，容性负载折算到原边的阻抗和外电路的等效阻抗互为共轭，满足负载获得最大功率的条件，即通过变压器实现了阻抗匹配。该功率为负载获得的最大功率。

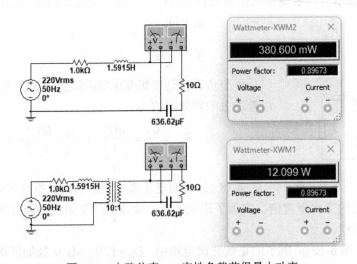

图 8-13　电路仿真——容性负载获得最大功率

本 章 小 结

当两个通电线圈产生磁耦合时，互感电压与互感系数和另一个线圈的电流有关，每个线圈两端的电压由自感电压和互感电压两部分组成。通过同名端可确定互感电压的方向。

互感电路可通过去耦法得到去耦等效电路来计算。两个互感线圈串联时根据同名端的位置分为同向串联和反向串联两种情况，同向串联的互感是增强的，反向串联互感起削弱作用。互感线圈同侧并联和异侧并联的去耦等效电路结构相同，元件的参数不同。两条支路含有互感线圈的 T 形结构电路也可以得到去耦等效电路。

若两个互感线圈在电路中不是串联或并联，也不形成 T 形结构，则可根据定义，由同

名端的位置和电流的参考方向，分别列出各自的支路电压方程来计算。

　　理想变压器是互感的一种典型应用。变压器除了具有变电压、变电流的功能，还有变阻抗的功能，可实现阻抗匹配，使负载得到最大功率。

思　考　题

8-1　自感电压和互感电压的极性如何确定？

8-2　耦合电感串联时，互感的作用使电感增强还是减弱？

8-3　耦合电感并联时的等效电路有何特点？

8-4　什么情况下，可得到互感的去耦等效电路？

8-5　一个耦合电感短路，其电流是否为 0？

8-6　理想变压器有哪些功能？

习　　题

8-1　计算题 8-1 图所示电路的等效电感。

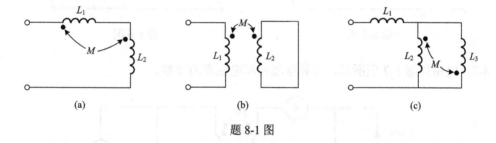

题 8-1 图

8-2　电路如题 8-2 图所示，计算电路的等效阻抗。

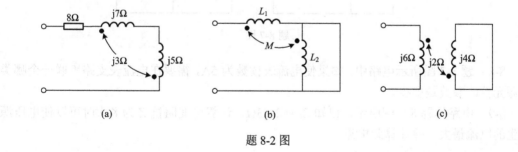

题 8-2 图

　　8-3　电路如题 8-3 图所示，已知 $\omega = 10\text{rad/s}$，电压源电压的有效值为 12V，计算电路的等效导纳和总电流。

　　8-4　电路如题 8-4 图所示，已知 $\omega = 10\text{rad/s}$，电压源电压的有效值为 6V，计算可变阻抗 Z 获得最大功率的条件，并计算此最大功率。

　　8-5　电路如题 8-5 图所示，计算端口的电流；端口并联阻抗多大的电容，可以使电路发生谐振？

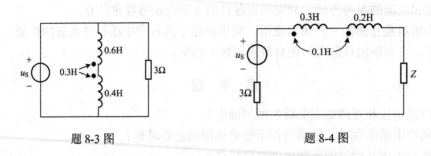

题 8-3 图　　　　　　　　　　　　　　　　　题 8-4 图

8-6　电路如题 8-6 图所示，计算在开关 S 打开和闭合两种情况下，每个电感的电流和电压。

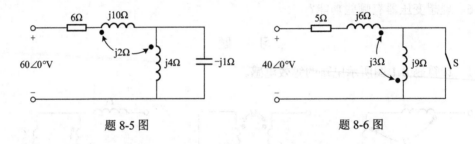

题 8-5 图　　　　　　　　　　　　　　　　题 8-6 图

8-7　电路如题 8-7 图所示，计算电流表和电压表的读数。

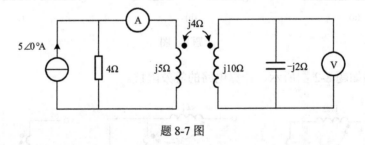

题 8-7 图

8-8　题 8-7 图所示电路中，如果使电流表读数为 5A，需要在电流表支路串联一个哪类无源元件，参数是多少？

8-9　电路如题 8-9 图所示，已知 $Z_L = 2+j3\Omega$，计算可变阻抗 Z 为多大时可以使电压源产生的电流最大，并计算此电流。

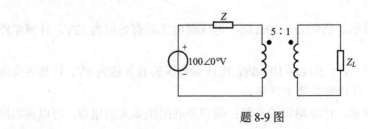

题 8-9 图

8-10　电路如题 8-10 图所示，电流源的电流有效值为 2A，为了使 1.6kΩ 电阻获得最大功率，计算理想变压器的变比，并计算此最大功率。

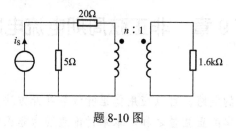

题 8-10 图

8-11　电路如题 8-11 图所示，计算可变负载 Z 获得最大功率的条件，并计算此最大功率。

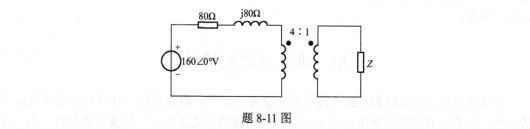

题 8-11 图

第9章　非正弦周期电流电路

本章提要

非正弦周期信号作用的电路，可以应用傅里叶级数展开方法把非正弦周期信号分解为直流分量和一系列不同频率的正弦量之和。本章讨论激励为非正弦周期信号时，分析计算电路的方法。首先介绍非正弦周期信号如何分解为傅里叶级数以及展开式的特点。激励信号展开式中每一分量单独作用下的响应，与直流电路及交流电路的求解方法相同，响应分量时域形式相加即可得到电路的响应。非正弦周期电流电路还涉及有效值、平均值和平均功率的概念。

9.1　非正弦周期信号

除了常见的直流电路和正弦交流电路，在电子技术、自动控制、计算机和无线电技术等方面，会遇到非正弦周期电流电路，电路中的激励不是正弦波，但具有周期性。图 9-1 所示为一些典型的非正弦周期信号，图 9-1(a)～(d)分别为锯齿波、三角波、方波和全波整流信号的波形。

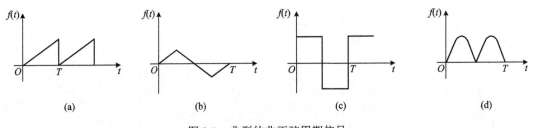

图 9-1　典型的非正弦周期信号

9.2　周期函数分解为傅里叶级数

非正弦周期函数如果满足狄里赫利条件，它就能分解为傅里叶级数。在工程中所遇到的非正弦周期电压和电流信号能满足该条件，因而可以展开成收敛的傅里叶级数。

设非正弦周期信号的周期为 T，则其角频率为 $\omega_1 = \dfrac{2\pi}{T}$，展开的傅里叶级数有两种形式。傅里叶级数的第一种形式为

$$f(t) = a_0 + \sum_{k=1}^{\infty}(a_k\cos k\omega_1 t + b_k\sin k\omega_1 t) \tag{9.1}$$

各系数的计算公式为

$$a_0 = \frac{1}{T}\int_0^T f(t)\mathrm{d}t$$

$$a_k = \frac{2}{T}\int_0^T f(t)\cos k\omega_1 t\mathrm{d}t = \frac{1}{\pi}\int_0^{2\pi} f(t)\cos k\omega_1 t\mathrm{d}(\omega_1 t)$$

$$b_k = \frac{2}{T}\int_0^T f(t)\sin k\omega_1 t\mathrm{d}t = \frac{1}{\pi}\int_0^{2\pi} f(t)\sin k\omega_1 t\mathrm{d}(\omega_1 t)$$

式(9.1)中，a_0 为恒定分量，其大小等于周期函数的平均值。展开式中一系列正弦量的频率为该周期函数频率的整数倍，每个频率的正弦量包含正弦和余弦两个分量，初相为 0。

很明显，第一种形式中同频率的两个分量可以合并成一个正弦量，于是有傅里叶级数的第二种形式：

$$f(t) = A_0 + \sum_{k=1}^{\infty} A_{km}\cos(k\omega_1 t + \varphi_k) \tag{9.2}$$

即

$$f(t) = A_0 + A_{1m}\cos(\omega_1 t + \varphi_1) + A_{2m}\cos(2\omega_1 t + \varphi_2) + \cdots \tag{9.3}$$

式(9.3)中，A_0 为常数，称为周期函数 $f(t)$ 的恒定分量(或直流分量)，展开式中的第 2 项 $A_{1m}\cos(\omega_1 t + \varphi_1)$ 的频率和周期函数的频率相同，该项称为一次谐波(或基波分量)，其余各项统称为高次谐波，若谐波的频率为周期函数频率的 k 倍，则称为 k 次谐波。

以上两种形式中各系数之间的关系为

$$\begin{aligned} A_0 &= a_0 \\ A_{km} &= \sqrt{a_k^2 + b_k^2} \\ a_k &= A_{km}\cos\varphi_k \\ b_k &= -A_{km}\sin\varphi_k \\ \varphi_k &= \arctan\frac{-b_k}{a_k} \end{aligned} \tag{9.4}$$

【例 9-1】　把图 9-2 所示的方波信号分解成傅里叶级数。

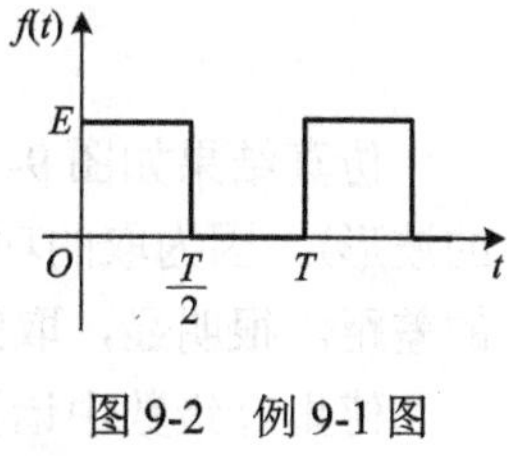

解　方波在一个周期内的函数表示式为

$$f(t) = \begin{cases} E, & 0 < t \leqslant \dfrac{T}{2} \\ 0, & \dfrac{T}{2} < t < T \end{cases}$$

图 9-2　例 9-1 图

傅里叶级数展开式的系数为

$$A_0 = \frac{1}{T}\int_0^T f(t)\mathrm{d}t = \frac{1}{T}\int_0^{T/2} E\mathrm{d}t = \frac{E}{2}$$

$$a_k = \frac{1}{\pi}\int_0^{2\pi} f(t)\cos k\omega t\mathrm{d}(\omega t) = \frac{E}{\pi}\int_0^{\pi}\cos k\omega t\mathrm{d}(\omega t) = \frac{E}{\pi}\frac{1}{k}\sin k\omega t\Big|_0^{\pi} = 0$$

$$b_k = \frac{1}{\pi}\int_0^{2\pi} f(t)\sin k\omega t \mathrm{d}(\omega t) = \frac{E}{\pi}\left(-\frac{1}{k}\cos k\omega t\right)\Big|_0^{\pi}$$

当 k 为偶数时，$b_k=0$；当 k 为奇数时，$b_k=\dfrac{2E}{k\pi}$。

$$A_{km} = \sqrt{b_k^2 + a_k^2} = b_k = \frac{2E}{k\pi}$$

$$\varphi_k = \arctan\frac{-b_k}{a_k} = \arctan\frac{-b_k}{0} = -90°$$

因此，本例中方波的傅里叶级数展开式为

$$f(t) = \frac{E}{2} + \frac{2E}{\pi}\left[\cos(\omega t - 90°) + \frac{1}{3}\cos(3\omega t - 90°) + \frac{1}{5}\cos(5\omega t - 90°) + \cdots\right]$$

即周期性方波可以看作直流分量与基波分量、三次谐波、五次谐波等一系列正弦波的叠加。

⎡电路仿真——合成波形⎤

仿真电路如图 9-3 所示，取方波的幅值为 10V，频率为 1kHz，经计算得各谐波的幅值，用四路示波器观察各谐波和合成波的波形。

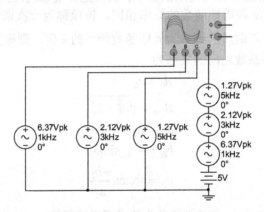

图 9-3　电路仿真——合成波形

仿真结果如图 9-4 所示，通道 D 显示的是取到五次谐波的合成波形（显示区域中最上方的波形），因为取的项数少，另外谐波振幅衰减缓慢，所以合成波形和方波的形状还有一定的差距。很明显，取的项数越多，合成波形越接近原波形。

傅里叶级数中谐波为无穷多项，计算时经常取有限的项数来计算。由于分解的傅里叶级数为收敛级数，故随着频率的升高，总体上各谐波的振幅在趋势上将逐渐衰减，次数低的谐波占比大，不能忽略。计算时从一次谐波起，按顺序依次取接下来的几项，取的项数可通过 $f(t)$ 的频谱图决定。各谐波振幅和初相与其频率之间的关系曲线称为频谱图，通常只讨论幅度频谱。若频谱衰减得快，计算时取的项数则可以少一些。

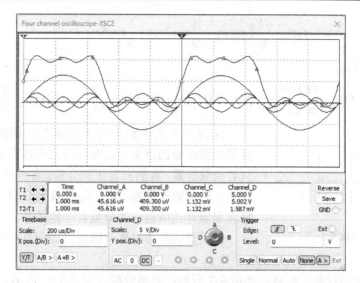

图 9-4　电路仿真——合成波形结果

例 9-1 中方波的频谱可通过 Multisim 软件的傅里叶分析得到，取幅值为 10V，如图 9-5 所示，取到 9 次谐波，可以看出谐波衰减缓慢，与展开式相吻合。

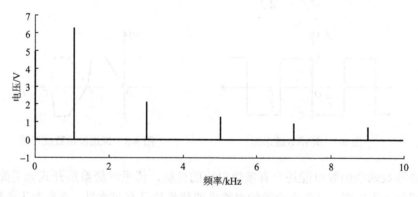

图 9-5　方波的幅度频谱

虽然可以通过公式计算傅里叶级数的系数，但是除了直流分量计算容易些，另外两个系数涉及函数乘积的积分，计算较复杂。图 9-1 中几个典型周期函数的傅里叶展开式可直接使用。

锯齿波：

$$f(t) = E\left(\frac{1}{2} - \frac{1}{\pi}\sin\omega_1 t - \frac{1}{2\pi}\sin 2\omega_1 t - \frac{1}{3\pi}\sin 3\omega_1 t - \cdots\right) \tag{9.5}$$

三角波：

$$f(t) = \frac{8E}{\pi^2}\left(\sin\omega_1 t - \frac{1}{9}\sin 3\omega_1 t + \frac{1}{25}\sin 5\omega_1 t - \cdots\right) \tag{9.6}$$

方波：

$$f(t) = \frac{4E}{\pi}\left(\sin\omega_1 t + \frac{1}{3}\sin 3\omega_1 t + \frac{1}{5}\sin 5\omega_1 t + \cdots\right) \tag{9.7}$$

全波整流波形：

$$f(t) = \frac{4E}{\pi}\left(\frac{1}{2} - \frac{1}{1\times 3}\cos 2\omega_1 t - \frac{1}{3\times 5}\cos 4\omega_1 t - \frac{1}{5\times 7}\cos 6\omega_1 t - \cdots\right) \tag{9.8}$$

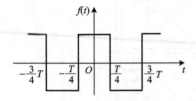

图 9-6　偶函数波形图

式 (9.5)～式 (9.8) 中的 E 为函数的幅值。从上述四个典型周期函数的傅里叶级数展开式可以看出，有的展开式只有余弦分量，有的只有正弦分量；有的只有奇数次谐波，有的只有偶数次谐波；有的没有直流分量。这说明波形的特点和展开式所包含的分量有一定关系。

偶函数的波形对称于纵轴，如图 9-6 所示，其函数特点为 $f(t) = f(-t)$，傅里叶展开式的系数 $b_k = 0$。

奇函数的波形对称于原点，如图 9-7 所示，其函数特点为 $f(t) = -f(-t)$，傅里叶展开式的系数 $a_0 = a_k = 0$。

奇谐波函数的波形镜像对称，即该波形移动半周期后关于横轴对称（如图 9-8 中虚线所示），其函数特点为 $f(t) = -f\left(t + \frac{T}{2}\right)$，傅里叶展开式的系数 $a_0 = a_{2k} = b_{2k} = 0$。

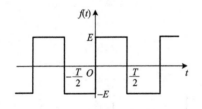

图 9-7　奇函数波形图

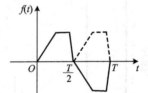

图 9-8　奇谐波函数波形图

有的奇函数或偶函数可能还具有镜像对称的性质，傅里叶级数展开式会更简单。改变计时起点或做上下平移，可改变函数的对称性或使函数具有对称性，将有助于函数的分解。

9.3　有效值、平均值和平均功率

9.3.1　非正弦周期函数的有效值

设非正弦周期电流可以分解为傅里叶级数：

$$i(t) = I_0 + \sum_{k=1}^{\infty} I_{km}\cos(k\omega_1 t + \varphi_k)$$

将其代入有效值的定义式中有

$$I = \sqrt{\frac{1}{T}\int_0^T i^2 \mathrm{d}t} = \sqrt{\frac{1}{T}\int_0^T \left[I_0 + \sum_{k=1}^{\infty} I_{km}\cos(k\omega_1 t + \varphi_k)\right]^2 \mathrm{d}t}$$

利用三角函数的性质，可以求得 i 的有效值为

$$I = \sqrt{I_0^2 + \sum_{k=1}^{\infty} \frac{I_{km}^2}{2}} = \sqrt{I_0^2 + \frac{1}{2}(I_{1m}^2 + I_{2m}^2 + I_{3m}^2 + \cdots)} \tag{9.9}$$

设 $I_k = \dfrac{I_{km}}{\sqrt{2}}$，有

$$I = \sqrt{I_0^2 + \sum_{k=1}^{\infty} I^2} = \sqrt{I_0^2 + I_1^2 + I_2^2 + I_3^2 + \cdots} \tag{9.10}$$

式(9.10)表明，非正弦周期电流的有效值等于恒定分量的平方与各次谐波有效值的平方之和的算术平方根。此结论可以推广用于其他非正弦周期量。

9.3.2 非正弦周期函数的平均值

正弦函数或傅里叶展开式无直流分量的交流周期信号，一个周期内的平均值为 0。工程上把交流周期信号绝对值的平均值，称为平均值。此平均值定义为

$$I_{av} = \frac{1}{T} \int_0^T |i(t)| \, dt \tag{9.11}$$

为了和数学上的平均值区分，也把此平均值称为整流平均值，即信号经过全波整流后的平均值。整流平均值是对交流周期信号而言的，因为电压和电流信号若不改变方向，则整流平均值和平均值的数值相等。

按式(9.11)可求得正弦电流的平均值为

$$I_{av} = \frac{1}{T} \int_0^T |I_m \cos \omega t| \, dt = \frac{4}{T} I_m \int_0^{\frac{T}{4}} \cos \omega t \, dt = \frac{4}{\omega T} I_m \sin \omega t \Big|_0^{\frac{T}{4}}$$

$$= \frac{4}{2\pi} I_m = 0.637 I_m = 0.898 I$$

对于同一非正弦周期电流，当用不同类型的仪表进行测量时，会得到不同的结果。磁电系仪表测量的是电流恒定分量 I_0，电磁系仪表测量的是电流有效值 I，全波整流仪表测量的是电流平均值 I_{av}。

因此，在测量非正弦周期信号时，要注意选择合适的仪表，仪表的类型在面板上有标注。

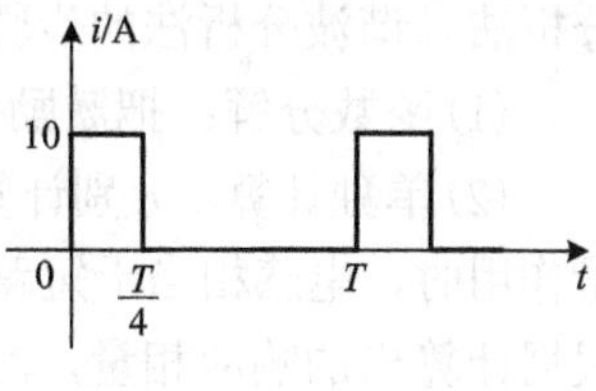

非正弦周期电流的直流分量、有效值和平均值

【例 9-2】 计算如图 9-9 所示的周期脉冲电流的有效值和平均值。

图 9-9 例 9-2 图

解 有效值为

$$I = \sqrt{\frac{1}{T} \int_0^T i^2 \, dt} = \sqrt{\frac{1}{T} \int_0^{\frac{T}{4}} 10^2 \, dt} = 5A$$

平均值为

$$I_{av} = \frac{10 \times \frac{T}{4}}{T} = 2.5A$$

9.3.3　非正弦周期电流电路的平均功率

设任意一端口电路的非正弦周期电压和电流可以分解为傅里叶级数：

$$u(t) = U_0 + \sum_{k=1}^{\infty} U_{km}\cos(k\omega_1 t + \varphi_{uk})$$

$$i(t) = I_0 + \sum_{k=1}^{\infty} I_{km}\cos(k\omega_1 t + \varphi_{ik})$$

端口电压和电流为关联参考方向，则一端口吸收的平均功率为

$$P = \frac{1}{T}\int_0^T ui\mathrm{d}t$$

代入电压、电流表达式并利用三角函数的性质，令 $\varphi_k = \varphi_{uk} - \varphi_{ik}$，得

$$P = U_0 I_0 + \frac{1}{2}(U_{1m}I_{1m}\cos\varphi_1 + U_{2m}I_{2m}\cos\varphi_2 + U_{3m}I_{3m}\cos\varphi_3 + \cdots) \tag{9.12}$$

或

$$P = U_0 I_0 + U_1 I_1\cos\varphi_1 + U_2 I_2\cos\varphi_2 + U_3 I_3\cos\varphi_3 + \cdots \tag{9.13}$$

即

$$P = U_0 I_0 + \sum_{k=1}^{\infty} U_k I_k\cos\varphi_k \tag{9.14}$$

式(9.14)表明，非正弦周期电路的平均功率等于恒定分量的功率和各次谐波平均功率的代数和。

9.4　非正弦周期电流电路的计算

把非正弦周期激励分解为傅里叶级数，分析计算非正弦周期电流电路的方法称为谐波分析法。谐波分析法的步骤如下。

(1)函数分解：把激励分解为傅里叶级数，展开成直流分量和各次谐波分量之和。

(2)单独计算：分别计算直流分量和各次谐波分量单独作用时电路产生的响应。直流分量作用时，电感相当于短路，电容相当于开路。各谐波分量单独作用时，应用相量法计算，根据计算出的响应相量，写出其对应的时域形式，即正弦量。

(3)时域叠加：根据叠加定理，电路的响应为直流响应分量和各谐波时域响应分量相加。因为频率不同，所以各谐波响应分量的相量加在一起是没有意义的。

注意：不同谐波频率下，感抗和容抗的数值不同。

由于傅里叶级数的分解计算比较耗时，可查找非正弦周期函数的傅里叶级数展开式，代入参数得到直流分量和各谐波分量。在例题或习题中，通常直接给出激励的表达式，以便于计算。

【例 9-3】　电路如图 9-10(a)所示，电压源为图 9-10(b)所示的锯齿波信号，求电流 i 和电路吸收的有功功率。

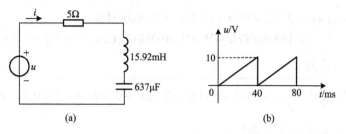

图 9-10 例 9-3 图

解 由式 (9.5) 可得锯齿波信号的展开式：

$$f(t) = E\left(\frac{1}{2} - \frac{1}{\pi}\sin\omega_1 t - \frac{1}{2\pi}\sin 2\omega_1 t - \frac{1}{3\pi}\sin 3\omega_1 t - \cdots \right)$$

本例中 $E = 10$，周期 $T = 40\text{ms}$，则角频率 $\omega_1 = \dfrac{2\pi}{T} = \dfrac{2\pi}{0.04} = 157$（rad/s），电压源电压的傅里叶级数为

$$u(t) = 5 - 3.18\sin 157t - 1.59\sin 314t - 1.06\sin 471t - 0.80\sin 628t - \cdots$$

电压的直流分量单独作用时，电容在直流稳态时相当于开路，故 $I_0 = 0\text{A}$。

锯齿波展开式中的谐波为正弦形式，谐波前的系数为负，应用相量法计算时，不需要转为标准的余弦形式，取已知激励的振幅和初相构成相量，响应函数的三角形式保持和激励相同。

基波单独作用时，有

$$\dot{I}_{1m} = \frac{\dot{U}_{1m}}{R + \text{j}\omega_1 L - \text{j}\dfrac{1}{\omega_1 C}} = \frac{3.18\angle 0°}{5 + \text{j}2.5 - \text{j}10} = 0.353\angle 56.3°\text{(A)}$$

二次谐波单独作用时，有

$$\dot{I}_{2m} = \frac{\dot{U}_{2m}}{R + \text{j}2\omega_1 L - \text{j}\dfrac{1}{2\omega_1 C}} = \frac{1.59\angle 0°}{5 + \text{j}5 - \text{j}5} = 0.318\angle 0°\text{(A)}$$

三次谐波单独作用时，有

$$\dot{I}_{3m} = \frac{\dot{U}_{3m}}{R + \text{j}3\omega_1 L - \text{j}\dfrac{1}{3\omega_1 C}} = \frac{1.06\angle 0°}{5 + \text{j}7.5 - \text{j}3.33} = 0.163\angle -39.8°\text{(A)}$$

四次谐波单独作用时，有

$$\dot{I}_{4m} = \frac{\dot{U}_{4m}}{R + \text{j}4\omega_1 L - \text{j}\dfrac{1}{4\omega_1 C}} = \frac{0.80\angle 0°}{5 + \text{j}10 - \text{j}2.5} = 0.088\angle -56.3°\text{(A)}$$

把直流分量和各次谐波分量计算结果的瞬时值叠加，有

$$i = I_0 + i_1 + i_2 + i_3 + i_4 + \cdots$$

$$i(t) = [-0.353\sin(157t + 56.3°) - 0.318\sin 314t$$
$$- 0.163\sin(471t - 39.8°) - 0.088\sin(628t - 56.3°) - \cdots](A)$$

电流 i 的有效值为

$$I = \sqrt{0^2 + \frac{1}{2} \times (0.353^2 + 0.318^2 + 0.163^2 + 0.088^2 + \cdots)} \approx 0.361(A)$$

由式(9.12)得电路的有功功率为

$$P = 0 + \frac{1}{2}[3.18 \times 0.353 \times \cos(-56.3°) + 1.59 \times 0.318 \times \cos 0°$$
$$+ 1.06 \times 0.163 \times \cos 39.8° + 0.80 \times 0.088 \times \cos 56.3° + \cdots] \approx 0.65(W)$$

电路的有功功率也可以通过计算电阻的有功功率得到：

$$P = \left[I_0^2 + \frac{1}{2}(I_{1m}^2 + I_{2m}^2 + I_{3m}^2 + I_{4m}^2 + \cdots) \right] R \approx 0.65(W)$$

由于锯齿波傅里叶级数展开式中的谐波衰减缓慢，本例中只取到 4 次谐波，带来的误差较大。

【例 9-4】　$u = \left[24 + 100\sqrt{2}\cos(50t + 30°) + 48\sqrt{2}\cos(100t + 40°) + 36\sqrt{2}\cos(200t + 60°) \right]V$，

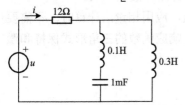

求图 9-11 所示电路电压 u 的有效值、电流 i 及电路吸收的功率。

解　电压的有效值为

$$U = \sqrt{24^2 + 100^2 + 48^2 + 36^2} = 119(V)$$

电压的直流分量单独作用时，电感相当于短路，电容相当于开路，故

$$I_0 = \frac{24}{12} = 2(A)$$

图 9-11　例 9-4 图

$100\sqrt{2}\cos(50t + 30°)V$ 单独作用时，电路的阻抗为

$$Z_1 = 12 + \left(j50 \times 0.1 - j\frac{1}{50 \times 0.001} \right) /\!/ \, j50 \times 0.3 = 12 + (-j15) /\!/ j15$$

并联电路部分发生并联谐振，阻抗无穷大，故

$$i_1 = 0$$

$48\sqrt{2}\cos(100t + 40°)V$ 单独作用时，有

$$Z_2 = 12 + \left(j100 \times 0.1 - j\frac{1}{100 \times 0.001} \right) /\!/ \, j100 \times 0.3 = 12 + (j0) /\!/ j30 = 12(\Omega)$$

并联电路部分发生串联谐振，故

$$\dot{I}_2 = \frac{\dot{U}_2}{Z_2} = \frac{48\angle 40°}{12} = 4\angle 40°(A)$$

$36\sqrt{2}\cos(200t + 60°)V$ 单独作用时，有

$$Z_3 = 12 + \left(j200 \times 0.1 - j\frac{1}{200 \times 0.001} \right) // j200 \times 0.3$$

$$= 12 + j15 // j60 = 12 + j12 (\Omega)$$

则

$$\dot{I}_3 = \frac{\dot{U}_3}{Z_3} = \frac{36 \angle 60°}{12 + j12} = 2.12 \angle 15° (A)$$

把直流分量和各次谐波分量计算结果叠加得

$$i = \left[2 + 4\sqrt{2}\cos(100t + 40°) + 2.12\sqrt{2}\cos(200t + 15°) \right](A)$$

由式(9.13)得电路的有功功率为

$$P = 24 \times 2 + 48 \times 4 \times \cos 0° + 36 \times 2.12 \times \cos 45° = 294.0 (W)$$

电路的有功功率也可以通过计算电阻的有功功率得到：

$$P = I_0^2 R + I_1^2 R + I_2^2 R + I_3^2 R = 294.0 (W)$$

本 章 小 结

方波、三角波等非正弦周期信号可以分解为一个直流分量和一系列正弦分量之和。和非正弦函数同频率的正弦分量为基波分量或一次谐波，其他正弦分量的频率都是非正弦周期函数频率的整数倍，若为 k 倍，则对应的正弦分量称为 k 次谐波。

非正弦周期信号傅里叶展开式的系数计算较麻烦，通常会直接给出，但需了解函数对称性与展开式特点之间的关系，奇函数、偶函数和奇谐波函数的展开式中一些分量为零。计算时取的谐波项数越多，误差越小，但会使计算复杂，可根据频谱决定截取项数的多少，频谱收敛速度快的非正弦函数可以少取几项。

非正弦周期电压和电流的有效值可通过其傅里叶展开式的系数得到，平均值定义为一个周期内绝对值的平均值。非正弦周期电流电路的有功功率可通过电压和电流的展开式得到。不同类型仪表的测量值反映被测电压或电流的不同数值，磁电系仪表测量值为非正弦信号的直流分量；电磁系仪表测量值为有效值；全波整流仪表测量值为平均值，测量时要注意选用合适的仪表。

根据叠加定理，电路在方波或三角波等激励作用下产生的响应可以看作非正弦信号展开式中各激励分量单独作用时所产生响应的叠加。直流分量作用时，电路中的电感相当于短路，电容相当于开路，计算较容易。各谐波分量单独作用时，电路均为正弦稳态电路，应用相量法计算，要注意感抗和容抗随频率变化发生改变，得到的各次谐波响应相量由于频率不同，不能直接相加，需要写出对应的时域形式即三角函数再相加。

得到或滤掉非正弦周期信号的某次谐波，需应用谐振电路或滤波器实现。

思 考 题

9-1　傅里叶级数有哪两种形式？通常所说的谐波是哪种形式？

9-2　函数的对称性和周期函数展开式有何关系？

9-3　不同谐波作用下，电路的阻抗是否不变？为什么？

9-4　应用相量法计算的各谐波响应，为什么不能做相量和的叠加？

9-5　测量非正弦周期电压或电流时，如何正确选择测量仪表的类型？

习　题

9-1　求题 9-1 图所示周期性矩形信号 $f(t)$ 的傅里叶级数展开式。

9-2　已知周期函数半个周期的波形，如题 9-2 图所示，如果该函数的傅里叶级数展开式中只含有奇次谐波，说明波形具有什么对称性质？补充后半个周期波形；计算展开式中的直流分量。

9-3　已知周期函数半个周期的波形，如题 9-3 图所示，如果该函数的傅里叶级数展开式中只包含余弦项和直流分量，说明波形具有什么对称性质？补充后半个周期波形；计算展开式中的直流分量。

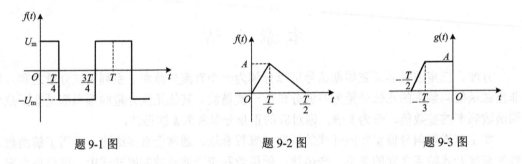

题 9-1 图　　　　　　　　　题 9-2 图　　　　　　　　　题 9-3 图

9-4　题 9-4 图所示电路中，输入电压为三角波，求电流 i 和电路吸收的平均功率。

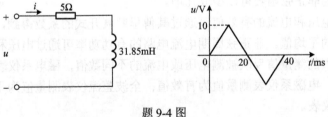

题 9-4 图

9-5　周期电流 $i(t)$ 的波形如题 9-5 图所示。当分别用磁电式、电磁式、整流式电流表测量该电流时，求各测量仪表的读数。

9-6　RLC 串联电路中，$R = 20\Omega$，$L = 0.1\mathrm{H}$，$C = 1\mathrm{mF}$，已知端电压为

$$u = [10 + 100\cos(50t + 30°) + 30\cos(100t + 40°) + 10\cos(200t + 60°)]\mathrm{V}$$

计算电压 u 的有效值、产生的电流 i 和电路的平均功率。

9-7　题 9-7 图所示电路中，已知 $i(t) = (6\cos 314t + 2\cos 942t)\mathrm{A}$，$C = 212\mu\mathrm{F}$，$R = 15\Omega$，求电路的电压 u 和所消耗的有功功率。

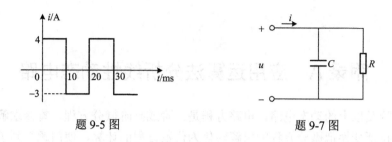

題 9-5 图　　　　　　　　　　　題 9-7 图

9-8　已知 RLC 串联电路的端口电压和电流分别是

$$u(t) = [160\cos 100t + 150\cos 200t]\text{V}$$

$$i(t) = [8\cos 100t + B\cos(200t + \theta)]\text{A}$$

该一端口吸收的有功功率为 1kW，求：(1) R、L 和 C 的值；(2) B 和 θ 的值。

9-9　由题 9-9 图的电路已知

$$u = \left[24 + 220\sqrt{2}\cos(157t + 30°) + 60\sqrt{2}\cos(314t + 40°) + 30\sqrt{2}\cos(628t + 60°)\right]\text{V}$$

计算电压 u 的有效值、电流 i 和电路的平均功率。

9-10　题 9-10 图所示为滤波电路，要求负载中不含 $3\omega_1$ 的谐波分量，但基波分量能全部传送至负载。若 $\omega_1 = 100\text{rad/s}$，$L = 0.1\text{H}$，求 C_1 和 C_2。

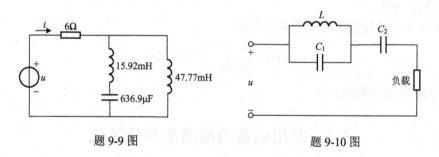

題 9-9 图　　　　　　　　　　　題 9-10 图

附录 A 应用运算法分析线性动态电路

对于二阶及以上的动态电路，电路方程是二阶或高阶微分方程，直接求解微分方程很麻烦。拉普拉斯变换把微分方程的求解转化为代数方程的计算，使问题得到了简化。应用拉普拉斯变换分析线性动态电路，把时域运算转化为复频域计算。

A.1 拉普拉斯变换和反变换

函数 $f(t)$ 的拉普拉斯变换定义为

$$F(s) = \int_{0-}^{\infty} f(t) \mathrm{e}^{-st} \mathrm{d}t \qquad (\text{A.1})$$

式中，$s = \sigma + \mathrm{j}\omega$ 为复数；$F(s)$ 称为 $f(t)$ 的象函数。

把电路换路的时刻设为 0 时刻，换路前后瞬间，电路中的电压或电流可能会发生跃变，$f(0_+) \neq f(0_-)$。拉普拉斯变换的定义从 0_- 时刻开始，如果有跃变会在结果中体现出来，给分析电路提供了方便。

象函数 $F(s)$ 的拉普拉斯反变换定义为

$$f(t) = \frac{1}{2\pi\mathrm{j}} \int_{c-\mathrm{j}\infty}^{c+\mathrm{j}\infty} F(s) \mathrm{e}^{st} \mathrm{d}s \qquad (\text{A.2})$$

式中，c 为正的有限常数。

A.2 常用函数的原函数和象函数

直流量、正弦量是电路中常见的激励函数和响应函数，过渡过程还包含指数函数，阶跃函数和冲激函数也是电路或信号分析中会出现的函数。表 A-1 为常用函数的拉普拉斯变换表。

表 A-1 常用函数的原函数和象函数

函数名称	$f(t)$	$F(s)$
单位阶跃函数	$\varepsilon(t)$	$\dfrac{1}{s}$
单位冲激函数	$\delta(t)$	1
指数函数	e^{-at}	$\dfrac{1}{s+a}$
余弦函数	$\cos\omega t$	$\dfrac{s}{s^2 + \omega^2}$

续表

函数名称	$f(t)$	$F(s)$
正弦函数	$\sin\omega t$	$\dfrac{\omega}{s^2+\omega^2}$
斜坡函数	t	$\dfrac{1}{s^2}$
位移余弦函数	$e^{-at}\cos\omega t$	$\dfrac{s+a}{(s+a)^2+\omega^2}$
位移正弦函数	$e^{-at}\sin\omega t$	$\dfrac{\omega}{(s+a)^2+\omega^2}$
位移斜坡函数	$e^{-at}t$	$\dfrac{1}{(s+a)^2}$

A.3　无源元件的运算形式 VCR

根据元件瞬时值的 VCR 方程，通过拉普拉斯变换得到的 VCR 表达式称为运算形式的 VCR 表达式。

电阻元件的运算电路如图 A-1 所示。

电阻元件运算形式的 VCR 表达式为

$$U(s)=RI(s) \tag{A.3}$$

电感元件的运算电路如图 A-2 所示。

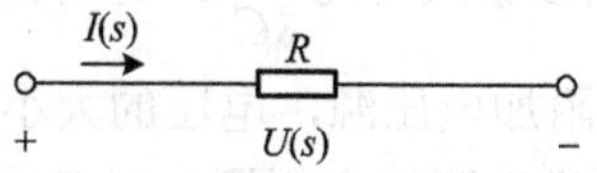

图 A-1　电阻元件的运算电路模型 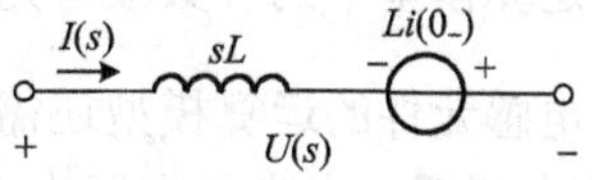　　图 A-2　电感元件的运算电路模型

电感元件运算形式的 VCR 表达式为

$$U(s)=sLI(s)-Li(0_-) \tag{A.4}$$

电容元件的运算电路如图 A-3 所示。

电容元件运算形式的 VCR 表达式为

$$I(s)=sCU(s)-Cu(0_-) \tag{A.5}$$

或

$$U(s)=\frac{1}{sC}I(s)+\frac{u(0_-)}{s} \tag{A.6}$$

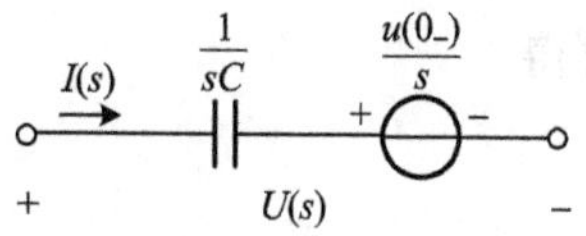

图 A-3　电容元件的运算电路模型

A.4　运　算　法

应用拉普拉斯变换分析计算电路的方法称为运算法。运算形式的基尔霍夫定律也是成

立的，即对于节点和回路分别有

$$\Sigma I(s) = 0 \tag{A.7}$$

$$\Sigma U(s) = 0 \tag{A.8}$$

接下来通过例子来说明应用拉普拉斯变换分析线性动态电路的过程。

运算法求
解线性动
态电路

【例 A-1】　电路如图 A-4 所示，换路前电路处于稳定状态，电容没有储能。计算换路后流过电感的电流和电容两端的电压。

解　换路后，对于电容来讲，电路的变化是一个充电的过程。随着时间的推移，电流会越来越小，当电容充满电时，电路中的电流为 0，电容两端的电压达到稳态值 12V。

换路前电路稳定，在直流电路中，电感相当于短路，流过电感的电流为

$$i(0_-) = \frac{12}{4+2} = 2(\text{A})$$

换路前电容没有储能，$u_C(0_-) = 0\text{V}$。

换路后的运算电路图，如图 A-5 所示。

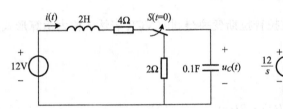

图 A-4　例 A-1 图　　　　　　　　图 A-5　图 A-4 等效的运算电路图

电感元件运算模型中的参数改写为 sL，电容的参数改写为 $\dfrac{1}{sC}$。0_- 时刻，因为电感的电流不为 0，电感元件的运算模型还需要串联一个附加电压源，电压的大小为 $Li(0_-)$，方向和 $i(0_-)$ 的方向相反；电容的电压为 0，运算模型没有附加电压源。对激励进行拉普拉斯变换，响应写成象函数的形式。

等效的运算电路中，除了电阻，其他元件的参数都发生了变化，电路中还多了一个电压源。这是一个单回路，根据 KVL，可得

$$\left(2s + 4 + \frac{10}{s}\right)I(s) - 4 - \frac{12}{s} = 0$$

解得

$$I(s) = \frac{4 + \dfrac{12}{s}}{2s + 4 + \dfrac{10}{s}} = \frac{2s + 6}{s^2 + 2s + 5}$$

令象函数 $I(s)$ 的分母为 0，可得到一对共轭复根 $p_{1,2} = -1 \pm \text{j}2$，$I(s)$ 可以分解为两个简单象函数之和，即

$$I(s) = \frac{k_1}{s + 1 - \text{j}2} + \frac{k_2}{s + 1 + \text{j}2}$$

待定系数 k_1 和 k_2 为复数，互为共轭，经计算得到：

$$k_1 = \sqrt{2}e^{-j45°}$$

$$k_2 = \sqrt{2}e^{j45°}$$

经反变换，得到电流的时域形式为

$$i(t) = 2\sqrt{2}e^{-t}\cos(2t - 45°)\text{A}$$

电流是一个衰减振荡函数，经过足够长的时间，最后电流变为 0，电路达到新的稳定状态，过渡过程结束。

电容电压的象函数为

$$U(s) = \frac{1}{sC}I(s) = \frac{10}{s} \cdot \frac{2s + 6}{s^2 + 2s + 5}$$

通过拉普拉斯反变换，可得到时域形式的电压 $u_C(t)$，即

$$u_C(t) = [12 + 12.64e^{-t}\cos(2t - 161.6°)]\text{V}$$

电容的充电是一个振荡的过程，充电过程中，两端的电压会超过 12V，但最终会稳定在 12V，这种振荡虽然带来了超调，不过第一次到达目标值的用时较短。

【例 A-2】　电路如图 A-6 所示，开关 S 打开前，电路处于稳态，计算 S 打开后的 $i(t)$ 和 $u_L(t)$。

解　换路前，电路处于稳态，两个电感相当于短路，电流均为 0.2A，方向向下。

由于换路前的电感电流不为 0，运算电路模型需要串联附加电压源，换路后的运算电路图，如图 A-7 所示。

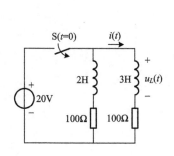
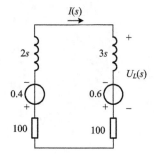

图 A-6　例 A-2 图　　　　　　图 A-7　图 A-6 等效的运算电路图

电路为一个单回路，根据 KVL，可得

$$(100 + 100 + 2s + 3s)I(s) - 0.6 + 0.4 = 0$$

解得

$$I(s) = \frac{0.2}{200 + 5s} = \frac{0.04}{s + 40}$$

$$U_L(s) = 3sI(s) - 0.6 = -0.48 - \frac{4.8}{s + 40}$$

经反变换，得

$$i(t) = 0.04\mathrm{e}^{-40t}\varepsilon(t)\mathrm{A}$$

$$u_L(t) = [-0.48\delta(t) - 4.8\mathrm{e}^{-40t}\varepsilon(t)]\mathrm{V}$$

换路前两个电感的电流不相等，换路后由于两个电感串联，在换路完成瞬间，电流被强制为同一电流，由计算结果可知 $i(0_+) = 0.04\mathrm{A}$，说明在换路瞬间，电感的电流发生了突变，换路定则不再满足。由于电感电流突变，电感两端应有冲激电压出现，由计算的结果可看到电感电压包含一个冲激函数。另一个电感两端也会出现一个冲激电压，两者大小相等，相互抵消，满足 KVL。

运算法是分析计算动态电路的有效方法，当然也可以分析一阶电路。直流一阶电路的三要素法需分别求出三个要素再代入公式，步骤稍多，而且在使用时有其局限性，如果电源不是直流激励，即使是一阶电路，也不能使用。可以试着用运算法求解直流一阶电路，进行比较。

附录 B　部分习题参考答案

第 1 章

1-1　电阻电流 4A，2A，电压源电流 6A 向上

1-2　电阻电压 6V，12V，电流源电压 18V

1-3　$i = 5\sqrt{2}\cos(314t + 120°)$A；电流超前电压 90°

1-4　从左到右依次为 2A，4A，2A，5A

1-5　–10V，4V

1-6　4A

1-7　–12V

1-8　21V，17V

1-9　电阻 R_2 左侧断开

1-10　2A

1-11　8V，–3V

1-12　40μA，1.5mA，1.54mA，9V

1-14　先假设响应的参考方向，$6i_L + u_L = 12$；$6i_L + 0.01\dfrac{\mathrm{d}i_L}{\mathrm{d}t} = 12$；2A

1-16　$i = \dfrac{R_2C\dfrac{\mathrm{d}u_C}{\mathrm{d}t} + u_C}{R_1} + C\dfrac{\mathrm{d}u_C}{\mathrm{d}t}$

1-17　$u = R_1\left(\dfrac{L\dfrac{\mathrm{d}i_L}{\mathrm{d}t}}{R_2} + i_L\right) + L\dfrac{\mathrm{d}i_L}{\mathrm{d}t}$

1-18　–9V

1-19　响应为电流和 R、C 的电压；先假设响应的参考方向，$2i + u_C = 12$；$2 \times 0.1\dfrac{\mathrm{d}u_C}{\mathrm{d}t} + u_C = 12$；一阶非齐次微分方程；方程的解为特解+齐次通解 = 12+e 为底的指数函数

1-20　响应为电压和 R、L 的电流；先假设响应的参考方向，$i_R + i_L = 2.4$；$\dfrac{0.01592\dfrac{\mathrm{d}i_L}{\mathrm{d}t}}{5} + i_L = 2.4$；一阶非齐次微分方程；方程的解为特解 + 齐次通解 = 2.4+e 为底的指数函数

1-21　–1.6

1-22　–2

第 2 章

2-1　独立 KCL 和 KVL 方程数均为 3

2-2　独立 KCL 和 KVL 方程数均为 4

2-3　假设各支路电流参考方向为向右或向下，最上面 10Ω 电阻的电流为–2A，其他支路电流从左到右依次为–0.7A，–1.3A，–0.6A，–0.7A，1.3A

2-4　取顺时针绕向，上网孔电流为 2A，左网孔电流为 0.7A，右网孔电流为 1.3A

2-5　从左到右三个节点电压分别为–7V，6V，13V

2-6　8A。取顺时针绕向，三个网孔电流分别为–3A，–4A，–12A

2-7　–0.9A。上网孔取顺时针电流为 1.9A，左网孔取逆时针电流为 0.6A，下面大回路取顺时针电流为 1.6A

2-8　–0.9A。从左到右三个节点电压分别为–5V，13V，16V

2-9　–0.5A。以左节点为参考，中间节点 15V，右节点 20V，下节点 5V

2-10　假设电流向右，从上到下三条支路电流分别为 3mA，–1mA，–2mA

2-11　3A。取顺时针绕向，左网孔电流 1A，右网孔电流–2A

2-12　–1A。左右两个节点电压分别为 6V，12V

第 3 章

3-1　–1A

3-2　–2cos314tV

3-3　1Ω

3-4　$R_1R_3 = R_2R_4$

3-5　9kΩ

3-6　5Ω，1A，60V，720W

3-7　2Ω，3Ω

3-8　2Ω

3-9　11Ω

3-10　–10Ω

3-11　$R_2 /\!/ \dfrac{R_1}{1+\beta}$

3-12　7H，4H

3-13　4F，7F

3-14　2A，18W

3-15　–2A

3-16　5A

3-17　5A

3-18　2A

第 4 章

4-1 6V

4-2 4A；12V 电压源发出 72W，2A 电流源吸收 4W，电阻吸收 20W，48W

4-3 $-0.1u_\mathrm{S}+0.5i_\mathrm{S}$；$-4.7$V

4-4 $-2+4\cos(314t+45°)$ A

4-5 2A 电流源或 24V 电压源；40V 向上的电压源；3A 向下的电流源

4-6 2.4A

4-7 8V，20Ω；-6V，12Ω

4-8 0.4A，20Ω；-0.5A，12Ω

4-9 -33V，6Ω；-3A

4-10 -5.5A，6Ω；-3A

4-11 32V，2Ω；4A

4-12 16A，2Ω；4A

4-13 $R=2$Ω；25%；50%

4-14 84V，11Ω；4A

4-15 电压源 $\dfrac{R_2}{R_1+R_2}u_\mathrm{S}$，电阻 $\dfrac{R_1R_2}{R_1+R_2}$；$\dfrac{R_1R_2}{R_1+R_2}C\dfrac{\mathrm{d}u_C}{\mathrm{d}t}+u_C=\dfrac{R_2}{R_1+R_2}U_\mathrm{m}\cos\omega t$；电路稳定后，$u_C$ 是一个和电源同频率的正弦电压。u_C 变化规律为一个逐渐衰减的指数函数和一个正弦函数的叠加

4-16 $\dfrac{u_\mathrm{S}}{3}$ 的电流源并联 2Ω 电阻；$0.1\dfrac{\mathrm{d}i}{\mathrm{d}t}+i=\dfrac{u_\mathrm{S}}{3}$；$i=4\cos(10t-45°)$A

第 5 章

5-1 只有 a 满足

5-2 8V；3V，9V

5-3 6mA；10mA，6mA

5-4 1.125A

5-5 1A

5-6 3A

5-7 $12+3\mathrm{e}^{-5t}$V；$0.6-0.24\mathrm{e}^{-5t}$A

5-8 $13+12\mathrm{e}^{-125t}$V

5-9 9.5V；1.83s；1.16s

5-10 $4-2\mathrm{e}^{-100t}$A；$8+2\mathrm{e}^{-100t}$A

5-11 $8-5\mathrm{e}^{-15t}$A；$3.75\mathrm{e}^{-15t}$A

5-12 $0.4-2.4\mathrm{e}^{-300t}$A

5-13 2.85A；6.1ms；3.85ms

5-14 $57-45\mathrm{e}^{-10t}$V

5-15　$10(1-e^{-25t})$V；$12-5.68e^{-10(t-0.04)}$V

5-16　$6-3e^{-22.5t}$A；$3+2.68e^{-10(t-0.1)}$A

第 6 章

6-2　$90°$，$5\cos(314t+6.9°)$A

6-3　$100\sqrt{2}\cos(314t-23.1°)$V

6-4　星接；0；$u_{ab}=381\sqrt{2}\cos(\omega t+60°)$V，$u_{bc}=381\sqrt{2}\cos(\omega t-60°)$V，$u_{ca}=381\sqrt{2}\cos(\omega t+180°)$V；线电压是相电压的$\sqrt{3}$倍，相位超前$30°$

6-6　10Ω；637μF；$7.5\Omega+0.13$H

6-7　5Ω，0.2S；$j20\Omega$，$-j0.05$S；10Ω，0.1S；$9+j8\Omega$，$9/145-j8/145$S

6-9　0A；$31.1\sqrt{2}\cos(314t+75°)$A；$31.1\sqrt{2}\cos(628t-15°)$A；激励的角频率为444.4rad/s

6-10　$20\angle-53.1°$V，$(24-j32)$V·A

6-11　5A，0A

6-12　5A，70.7V

6-13　$0.5U$，$0\sim-180°$

6-14　$4\angle-36.9°$A，$4.48\angle-100.3°$A，$4.48\angle26.5°$A，$(128+j96)$V·A

6-15　$8+j6\Omega$，$4+j2\Omega$

6-16　$i_1=7.62\sqrt{2}\cos(\omega t+6.9°)$A，$i_a=13.2\sqrt{2}\cos(\omega t-23.1°)$A；$i_1$是$i_a$的$\sqrt{3}$倍，落后$30°$

6-17　$i_a=3.11\sqrt{2}\cos(\omega t+75°)$A，$i_b=3.11\sqrt{2}\cos(\omega t-45°)$A，1.145kW

6-18　$i_a=3\sqrt{2}\cos(\omega t+30°)$A，$i_b=2.29\sqrt{2}\cos(\omega t-100.9°)$A

6-19　25Ω 串 1.52H；100V；191V

6-20　69.3var，3.28μF

6-21　$39.4\angle-26.6°$A，152μF

6-22　$Z=2-j6\Omega$，8W

6-23　$R=6.32\Omega$，3.84W

第 7 章

7-1　$H(j\omega)=\dfrac{\dot{U}_O}{\dot{U}_I}=\dfrac{R_2}{R_1+R_2+j\omega L}=\dfrac{R_2}{R_1+R_2}\cdot\dfrac{1}{1+j\dfrac{\omega L}{R_1+R_2}}$；$\omega_c=\dfrac{R_1+R_2}{L}$；低通电路特性，幅值最大为$\dfrac{R_2}{R_1+R_2}$，应包含幅频和相频特性两条曲线

7-2　$H(j\omega)=\dfrac{\dot{U}_O}{\dot{U}_I}=\dfrac{R_2/\!\!/\dfrac{1}{j\omega C}}{R_1+R_2/\!\!/\dfrac{1}{j\omega C}}=\dfrac{R_2}{R_1+R_2}\cdot\dfrac{1}{1+j\dfrac{\omega R_1R_2C}{R_1+R_2}}$；$\omega_c=\dfrac{1}{(R_1/\!\!/R_2)C}$；低通电

路特性，幅值最大为 $\dfrac{R_2}{R_1+R_2}$，应包含幅频和相频特性两条曲线

7-3　$H(\mathrm{j}\omega)=\dfrac{\dot{U}_O}{\dot{U}_I}=\dfrac{R_2+\mathrm{j}\omega L}{R_1+R_2+\mathrm{j}\omega L}=\dfrac{R_2}{R_1+R_2}\cdot\dfrac{1+\mathrm{j}\dfrac{\omega L}{R_2}}{1+\mathrm{j}\dfrac{\omega L}{R_1+R_2}}$；高通电路特性，随之频率增

加，幅值→1，辐角 0→最大值(小于 90°)→0

7-4　$\sqrt{\dfrac{1}{(L_1+L_2)C}}$；$\sqrt{\dfrac{C_1+C_2}{LC_1C_2}}$；$\sqrt{\dfrac{1}{L(C_1+C_2)}}$

7-5　并联谐振角频率 $\omega_{01}=\sqrt{\dfrac{1}{LC_2}}$ 大于串联谐振角频率 $\omega_{02}=\sqrt{\dfrac{1}{L(C_1+C_2)}}$；把 C_1 换成

电感

7-6　并联谐振角频率 $\sqrt{\dfrac{C_1+C_2}{LC_1C_2}}$ 大于串联谐振角频率 $\sqrt{\dfrac{1}{LC_1}}$；把 C_2 换成电感

7-7　69.4mH，0.5556H

7-8　356Hz，159Hz

7-9　1.592kHz，5，2krad/s 或 318Hz

7-10　9.05krad/s 或 1.44kHz，11.05krad/s 或 1.7kHz

7-11　0.4mH，2.5mF，3A，3A

7-13　低音电路和高音电路分别为 RL 电路和 RC 电路，$L=0.509\mathrm{mH}$，$C=7.96\mu\mathrm{F}$

7-14　低音、中音和高音电路分别为 RL 电路、RLC 电路和 RC 电路：$L=1.27\mathrm{mH}$；$L_\mathrm{m}=0.318\mathrm{mH}$，$C_\mathrm{m}=15.9\mu\mathrm{F}$；$C=3.98\mu\mathrm{F}$

第 8 章

8-1　L_1+L_2+2M；$L_1-\dfrac{M^2}{L_2}$；$L_1+\dfrac{L_2L_3-M^2}{L_2+L_3+2M}$

8-2　$(8+\mathrm{j}6)\Omega$；$\mathrm{j}\omega\left(L_1-\dfrac{M^2}{L_2}\right)$；$\mathrm{j}5\Omega$

8-3　$(1/3-\mathrm{j}1/4)\mathrm{S}$，5A

8-4　$Z=(3-\mathrm{j}7)\Omega$，3W

8-5　7.07A，$-\mathrm{j}12\Omega$

8-6　开关打开：1.85A，16.65V；1.85A，22.2V；开关闭合：5.66A，28.29V；1.89A，0V

8-7　4A；4V

8-8　电容，$-\mathrm{j}3\Omega$

8-9　$-\mathrm{j}75\Omega$，2A

8-10　1/8，1W

8-11　$Z=(5-j5)\Omega$，80W

第 9 章

9-2　镜像对称，0

9-3　纵轴对称，5/6 A

9-4　$i(t)=[1.15\sin(157t-45°)-0.057\sin(471t-71.6°)+0.013\sin(785t-78.7°)-\cdots]A$，
3.3W

9-5　0.5A，3.54A，3.5A

9-6　74.83V，$i=[4\cos(50t+66.9°)+1.5\cos(100t+40°)+0.4\cos(200t+23.1°)]A$，184.1W

9-7　$u(t)=[63.6\cos(314t-45°)+9.48\cos(942t-71.6°)]V$，138W

9-8　20Ω，0.1H，1mF；6，$-36.9°$

9-9　231.25V，$i=\left[4+10\sqrt{2}\cos(314t+40°)+3.54\sqrt{2}\cos(628t+15°)\right]A$，771.2W

9-10　0.11mF，0.89mF

参 考 文 献

李翰荪, 2001. 电路分析基础[M]. 3 版. 北京: 高等教育出版社.

刘志刚, 张宏翔, 2012. 电路分析基础简明教程[M]. 北京: 冶金工业出版社.

秦曾煌, 2009. 电工学(上册): 电工技术[M]. 7 版. 北京: 高等教育出版社.

邱关源, 罗先觉, 2006. 电路[M]. 5 版. 北京: 高等教育出版社.

王成华, 潘双来, 江爱华, 2007. 电路与模拟电子学[M]. 2 版. 北京: 科学出版社.

张永瑞, 王松林, 2005. 电路基础教程[M]. 北京: 科学出版社.

ALEXANDER C K, SADIKU M N O, 2000. Fundamentals of electric circuits[M]. 北京: 清华大学出版社.

BOYLESTAD R L, 2002. Introductory circuit analysis[M]. 北京: 高等教育出版社.